30年平均獲利 20%！
就是這樣做到的

　　股神巴菲特曾經有句經典名言：投資的第一個法則是永遠不要賠錢，第二個法則是不要忘記第一個法則。其實巴菲特的意思並不是說，投資的時候都不會賠錢，而是你想要投資成功，就必須長期保持在市場中；而不要被市場淘汰出局。

　　投資很危險？其實完全不投資更加危險，因為在50年後，一個在快餐店的普通早餐，可能賣132元，你能吃得起嗎？換句話說，若不學好投資理財，隨著物價不斷上漲，資產將會不斷貶值，要解決資產不斷貶值的情況，其中一個方法就是學好投資理財，讓投資報酬率大過通貨膨脹率，資產才能持續增值。

　　了解越多投資技巧，就擁有比別人更多的可能性。本書深入淺出，教大家「平均現金股息殖利率法」，在避開風險同時，提高選股命中率！運用這個方法，你便可以輕易地計算出該股票的「合理價」、「便宜價」，再用這些數字與市場報價比較，就很容易找出那些股票的價值屬於偏低，那些股票的價值屬於偏高。

　　所以，投資不危險；沒有投資知識才真的危險！

目錄

2張圖表
告訴你為什麼要學好投資股票！

30年平均獲利20％！
就是這樣做到的！

出版
出版動力(集團)有限公司

業務總監
Raymond Tang

行銷企劃
Lau Kee

市場經理
Nicole Lam

插畫設計
Athena Tang

編輯
Valen Cheung

助理編輯
Zinnia Yeung

作者
出版動力財經組

美術設計
CKY

出版地點
香港

教你打造出
進可攻退可守的穩陣股票倉

贏在會選龍頭股

一萬現金流　衍生100萬

炒股安全投資法

海外投資陷阱

投資陷阱冇王管

投資風險驗證測試

2張圖表告訴你為什麼要學好投資股票

2張圖表，告訴你為什麼
要學好投資股票！

如果問一百個香港人：「你想唔不想變得富有、邁向財務自由？」大概99個人都會回答：「是」。可悲的是，大多數人最終都無法邁向財務自由；而最終能夠令自己財務自由的，可能僅僅只有1%的人，甚至更少。

香港有很多打工仔，想學好投資理財，卻往往「只得把口」，永遠找借口「得閒先」慢慢學，最終沒有實際執行。以下兩個原因，告訴你們為什麼這一秒就要立志學好投資理財不可！

❶ 有投資與沒投資的的財富差距智に働

假設一個打工仔，年投資報酬率平均為5%（實際有可能更高），起始金額均為5萬，並且每年固定存入5萬，在40年以後，有投資的人，資產將增加到634萬，而沒有投資的人資產僅有200萬，兩者有近3倍的差距。

對於一般的打工仔來講，如果你沒有進行任何投資理財，三幾年過去了，你的生活可能還可以。但當你出社會10年以後，可能會感到很納悶，平時已經挺節儉，也不買什麼奢侈品，每個月也都有存錢，但是不知道為什麼，錢就是存得很慢。

❷ 物價上漲後一個快餐店早餐售價

你以為慳住慳住便可以捱過去？即使是在不投資的情況下，資產的價值也不會一直相同，隨著物價上漲，資產的價值，只會越來越低。我們假設通貨膨脹率，平均每年以3%增長來計算，今天一個30元的皮蛋瘦肉粥早餐，在50年後，可能便會漲到132元。

換句話說，若不學好投資理財，隨著物價不斷上漲，資產將會不斷地貶值，要解決資產不斷貶值的情況，其中一個方法就是學好投資理財，讓投資報酬率大過通貨膨脹率，資產才能持續增值。

1 炒麵.煎蛋.蘿 $30.5
  蔔糕
  － 皮蛋瘦肉粥
  － 鴛鴦(+3.0)

總數 $30.5

現金 $30.5

這個早餐50年後可能賣132元，你能吃得起嗎？

即使你覺得工字不出頭，想多賺一些錢；你亦未必要選擇創業。因為創業太過辛苦，會失去穩定薪水的安定感。你還有另外一條路，就是學好投資股票。只要你學會挑穩賺的股票，你便可以一邊上班；一邊投資。依照接下來的方程式，50年後一定有早餐食！

有投資與沒投資的的財富差距

經過年數	有投資財富累積	沒投資財富累積
1	$50,000	$50,000
2	$107,625	$100,000
3	$165,506	$150,000
4	$226,282	$200,000
5	$290,096	$250,000
10	$660,339	$500,000
20	$1,735,963	$1,000,000
30	$3,488,039	$1,500,000
40	$6,341,988	$2,000,000

物價上漲後一個早餐的售價

2018年的價格	30元
10年後	40元
20年後	54元
30年後	72元
40年後	98元
50年後	132元

打工仔
要財務自由，
只需要做到一件事！

其實，一個普通的打工仔要做到財務自由，只需要做到一件事，那就是「改變收入來源。」在討論如何「改變收入來源」之前，先定義兩個名詞：

1 一次性收入：有工作、有付出勞力，才有的收入。

2 持續性收入：即使不需要工作，仍然能夠持續增加的收入。

所以邁向財務自由的關鍵就在於「改變收入來源」，也就是將收入來源從「一次性收入」扭轉為「持續性收入」，只要一天沒有達成這件事，就一天無法財務自由。

最少要弄懂一種能持續獲利的投資工具

事實上，在這個世界，大部分的打工仔，其收入來源都好像下一頁中的「一般人的收入分佈圖」所示，99%的收入來自於一次性收入，1%比例的收入來自於持續性收入，而那1%的持續性收入，多數來自於銀行定存的利息，再扣掉通貨膨脹，可能已經所餘無幾了。

所以要財務自由，就必須將「一般人的收入分佈圖」扭轉為在其下面的「財務自由的收入分佈圖」，一次性收入比例為0，持續性收入為100%。這樣的比例是個理想值，其實就算不達到這種比例，還是可以財務自由，只要達成一件事情就可以了，那就是持續性收入大過開支，只要達成這件事就財務自由了。

換句話說，假如你每月持續性收入為2萬，開支每個月為1萬，你亦算是財務自由了，因為每個月你的淨資產都會增加1萬，不管你有沒有工作，你的資產呈現在一種持續增加、往上的狀態，這就是「財務自由」。

除非有一天你開銷過度，每個月花超過2萬，造成入不敷出的狀況，否則你即使不工作，淨資產仍然會不斷地增加。要財務自由，就必須成為投資者，而成為投資者，就最少要弄懂一種能持續獲利的投資工具。

一般人的收入分佈圖 VS 財務自由的收入分佈圖

一般人的收入分佈圖

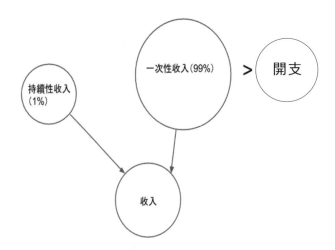

財務自由的收入分佈圖

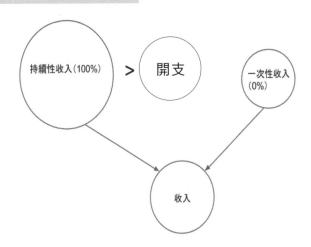

中了六合彩就算財務自由嗎?

六合彩每個星期都有得投注,全香港關心六合彩開獎號碼的人可能會問:「如果我有一天中六合彩了,不就也財務自由了嗎?」其實這個觀念完全錯誤,中六合彩的人,通常會立刻辭去工作,以為自己財務自由,其實中六合彩的人的收入狀況,大概如下圖。

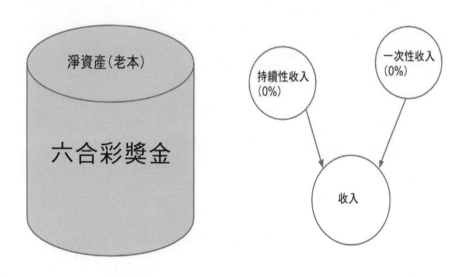

中六合彩的人在中了六合彩以後,幾乎都會辭去工作,開始享受自己的退休生活,提前吃著老本,只不過那個老本很大很大而已。人人都想發達,買六合彩中過億頭獎,生活從此無憂,可以住豪宅、開跑車、買遊艇及豪華旅遊,想想都高興。殘酷的真相是飛來橫財,不一定是終生享受奢華的保證。

七成意外獲得橫財的人竟然有悲慘結局

美國研究機構National Endowment for Financial Education的調查指出，七成意外獲得橫財的人，不出數年不但未能飛黃騰達，反而變得一窮二白，甚至落得破產收場。當中不少人更將他們的悲慘結局歸咎於發了橫財。有錢都唔識使是問題的關鍵。

有美國的理財專家Sudden Money Institute創辦人Susan Bradley表示，人們一向都是按自己的財富水平生活，忽然間多了一大筆意外之財，頭腦會被沖昏，日常枷鎖突然鬆開，讓他們忘了自身的不足，未來依然是生活的制肘。

不一定要是數以千萬元計的橫財，才會令人頭腦發熱。Bradley負責培訓理財顧問協助客戶面對突然而來的意外之財，她說：「橫財的定義是你突然獲得遠超過你正常財富水平的財產，足以擾亂你原來的生活節奏，對於某些人10萬美元就可以，對於其他人可能要數百萬美元。」

金山銀山一樣有機會坐食山崩

大家都希望中六合彩發達。除了每個星期都有少數幸運兒能夢想成真外；其實，還有些意外之財，是來自承繼巨額遺產、官司勝訴的賠償、退休金或是出售業務套現。成名藝人及運動明星一夜爆紅後，也會面對財源滾滾。無論財富來自何種途徑，要懂得運用這大筆突如其來的金錢，不讓他搞砸自己生活，絕對是有技巧的。

美國另一個理財專家，Bahr Investment Group聯席創辦人Candace Bahr曾經有一個客戶，一家六口，雖然生活平凡；但卻很開心。不過，某天竟然有飛機撞入她房屋，奪去了她的丈夫和一名子女。航空公司賠償了400萬美元給她。

收到此巨額賠償後，她花錢變得毫無節制，為了彌補餘下三名子女的精神創傷，讓他們生活過得好些，她幾乎有求必應。一年之內，400萬美元意外之財，極速花剩100萬美元，Bahr於這個時候介入跟進，首要任務是即時止血，改變客戶某些揮霍的習慣。

Bahr語重心長地說：「表面上，這些財富像無窮無盡，但實際上是有底的。」擁有家財萬貫、金山銀山其實並不值得羨慕，反而擁有一隻會生金蛋的鵝來得更好。所以即使是有錢人，要獲得真正的財務自由，還是要不斷投資。

香港過千家的上市公司到底要怎樣制定投資策略？

之前的篇幅，相信大家已很清楚投資的重要性。不過，當你去投資時，往往並不太順利，贏少輸多。有時候，甚至去買一些很多人都賺過錢，人人都推薦的股票；但到你跟風買入時，卻又要輸錢收場，為什麼呢？這可能是你從一開始就沒有清晰的目標，亦沒有良好的策略，更不會衡量風險對報酬比率，採用適當方法去選擇股票。同一屋簷下，一家三口也會有不同性格，股票也不例外。香港過千家的上市公司，每一家都有不同的個性，到底要怎樣制定投資策略？

賺錢很重要 但你要先學會的是不蝕錢

炒股的目的是從股市賺錢，但想賺錢並不表示你就能賺到錢。你必須在正確的時間做正確的事情，賺錢只是結果。這正確的事首先就是保本，在保本的基礎上再考慮怎樣賺錢。

因為你的投資本金虧損10%，就需要賺11.11%才能保本。如果你虧損50%，至少你要賺100%才能回本，挽回本金的損失難度可想而知。到底，我們有什麼方法可以盡量去保住辛辛苦苦儲下來的投資本金？大家可以先衡量一下「風險對報酬比」。

什麼是風險對報酬比？

以抽撲克牌來舉列，比如能先抽出四張A的人獲勝。眼前有兩副牌可以選擇，一副是52張牌裡面有四張A，另一副是26張牌還是有四張A，兩副都會隨機洗牌完才開始抽，給你選的話會挑哪副牌？當然是後面那副！

實際投資時那些預估上漲跟下跌的價位只能當作參考值，不可能那麼精準。所以學會風險對報酬比概念，最重要的是幫助自己判斷進場的「勝率」，是偏高還是偏低。假設有一檔股票目前是100元，往上有機會漲到130元，往下可能會跌到80元。之中虧損的風險就是20元，上漲的報酬率就是30元，風險對報酬比就是2：3。

學有錢人一樣投資 打造一個賺錢金字塔

風險不容易掌握，犯錯的代價實在太高，所以投資路上要先學習如何少犯錯，讓自己降低風險造成的傷害。寧願慢慢走，也不要回頭走。不過，明白了風險對報酬比，就能乘風破浪？其實「策略」很重要，它會直接影響到我們的選股布局、買賣時機、持有時間的長短等。所以，策略是投資的先決條件。

華爾街公認的證券分析之父葛拉漢定義：「本金安全、適當獲利、複利成長」，就是良好策略的條件。在這樣的策略下，專家採用價值投資法、平均現金股息殖利率法，因為穩健而長期的投資，才能帶來可觀的財富！圖中的金字塔大家要好好緊記，在接下來的篇幅，我會為大家一一詳解。

目標	=成功達到真正的財務自由
策略	=本金安全、適當獲利、複利成長
方法	=現金殖利率法、價值投資法
規避風險能力	=知道如何導致失敗，可靠性遠高於如何達成成功

筆記欄

30年
平均獲利
20％！
就是這樣做
到的！

人人推薦的股票
為何都蝕錢？

股票的價格每天都在波動，有時高、有時低，對於這樣的波動，投資人對於價格「高」、「低」的認知，通常是將當下的價格拿來和不久前的價格相比，這樣的比較其實非常不科學。我們每天在新聞或報紙看到的，只是股票的價格，就誤以為這些數字，能夠代表該公司股票的價值。投資人人推薦的好股票都蝕錢，關鍵可能就是你搞錯了時間，用今天的錢買了昨天的股票。

想做有錢人 學識價值投資法

只要是市場，就存在著機會和風險的兩面。要把握機會首先得規避風險，風險天然存在！我們規避不了全部，但能盡所能去規避大部分！所以，這一個章節，就教大家方法，在避開風險同時，提高選股命中率！

利用「價值投資法」等到「物美價廉」才出手

巴菲特曾經說過，價值投資四個字之中，前面2個字「價值」原本就是多餘的，因為沒價值的股票根本不需要投資。價值投資的選股基本原則就是：找到好的公司，再用便宜合理的價格買進。

股票市場的價格每天都在波動，有時震盪還真不小！這樣的市場存在許多陷阱，但同時也提供許多機會！如何在市場裡尋找「物美價廉」（價格低於價值）的投資機會，就是獲利的根本。「價值投資法」就是告訴大家，要重視的是公司的「價值」，而不是「價格」。

有高價值的股票，簡言之，就是強調買進「物超所值」的股票。其實，「價值」本身是一件可以很虛無縹緲的東西，既然強調「價值」和「價格」的比較，不量化又如何比較呢？所以「價值」的量化就很重要。量化的方法有很多，很多行內人都會採用的是「平均現金股息殖利率法」，這是最簡單，也是最明確的方法。

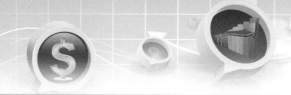

認識「平均現金股息殖利率法」之前 你要搞通的幾個比率

股息殖利率、派息比率和市盈率,你搞得清楚它們之間的分別嗎?單看名字,真的很容易令人混淆。不過,在認識「平均現金股息殖利率法」之前,你必須了解清楚這些指標。

股息殖利率

現金殖利率(亦有人稱做殖利率、周息率、股息收益率,而英語是:Dividend yield),不管叫什麼名字,其定義是每股股息(現金股利)除以每股股價,通常以百分比表示。如果現金股利每年為1元,股價20元,則現金殖利率便是5,。若股票的現金殖利率大於定期存款的利息,再配上穩定的股利發放,一般會稱為「定存概念股」。

現金殖利率:每年現金股利的報酬率是多少?

殖利率

$$\frac{現金股利}{買進股價} \times 100\% = 現金殖利率\,(\%)$$

派息比率

看一家公司派息是否疏爽，要看公司的派息比率(Dividend Ratio)，即是賺多少會派多少，例如A公司賺1000萬元派100萬元，就自然比B公司派200萬元股息，卻原來賺近億元的公司疏爽。找出這個數字很簡單，去一些報價網站，找出全年派息金額，以及每股盈利數字，計一計便有答案。

派息比率：用來比較公司股息與盈利的關係

派息比率

$$\frac{每股股息}{每股盈利} \times 100\% = 派息比率 (\%)$$

市盈率

市盈率(Price-to-Earning Ratio，P/E或PER)，又稱為本益比，這個比率就等於回本期。若某股的市盈率為20倍，即表示投資者須持有該股約20年，才有機會完全回本(這裡假設每股盈利不變)。假如每股盈利增長理想，則持有該股的回本期將會縮短；自然，回本期是愈短愈好。

市盈率： 市盈率愈低，表示該股票的投資風險相對地小

市盈率

$$\frac{每股市價}{每股盈利} \times 100\% = 市盈率 (\%)$$

令你可以長線投資強勢股的 平均現金股息殖利率法

把錢放在銀行定存要比較「年利率」；投資房地產當包租公，收租金要考慮「租金報酬率」；那長期投資股票呢？你一定要搞懂「平均現金股息殖利率」！

運用這個方法，你便可以輕易地計算出該股票的「合理價」、「便宜價」，再用這些數字與市場報價比較，就很容易找出那些股票的價值屬於偏低，那些股票的價值屬於偏高。依靠「價值投資」的概念，進行低買高賣，簡單易懂，所以適合多數人，尤其是打算長線持有的投資者。

教你輕鬆計算出股票的
「合理價」「便宜價」和「昂貴價」

運用「價值投資法」，透過「平均現金股息殖利率」找出好股票而成功的人很多，例如華爾街證券分析之父葛拉漢(Benjamin Graham)、股神巴菲特(Warren Buffett)、發明低本益比法的投資鬼才約翰奈夫(John Neff)，還有巴菲特的好朋友魯安(Bill Ruane)等，也會用這方法去挑選賺錢的股票。現在就教大家算出買入股票的「合理價」「便宜價」和「昂貴價」。

合理價

假設你準備要買入股票A，那一個價位買入才算合理？股票A的「合理價」，應該是其過去5年「平均現金股息」的20倍，相當於5%的年息。巴菲特認為，5%這個數，是美國過去很長時間的大約利率，所以，投資人若以這個價格買進股票，便可以得到5%的收益。

便宜價

當你又想買入股票A時，股票A的「便宜價」，應該是其過去5年「平均現金股息」的16倍，即等於平均現金股息殖利率6.25%。投資股票，最重要的就是安全，所以在合理價之外，應預留一些緩衝的Buffer，合理價打8折，這個安全邊際，就相當於6.25。

昂貴價

若你有意慾買入股票A時，那一個價位買入才算昂貴？股票A的「昂貴價」，應該是其過去5年「平均現金股息」的32倍，即等於「平均現金股息殖利率」3.125%。我們代入一些實數，你便會更加明白。

假設股票A過去5年的「平均現金股息」是4元。那4x32倍=128元（平均現金股息殖利率=3.125%），所以，當股票A的股價去到128元時，買入便算昂貴了。相反，股票A的「便宜價」，是「平均現金股息」4元x16倍=64元。

不過，關於「昂貴價」的設定，可以因人而異。如果就某些特定的個股突然有很多利好消息和發展，非常有把握跑贏大市，而你又認為自己可以接受更高的風險，也可以將倍數調高一些。

一般來說，以5年的現金股利平均和股價做相比，衡量潛在報酬率的高低，降低了可能因為景氣循環造成的獲利股息波動雜訊，更能看出公司在景氣循環下配發股利的能力。

如果只用最近一年的股利下去算，可能會失真。因為有些公司可能會有一次性的獲利，例如變賣土地或出售旗下企業，當期就會突然有很高的現金股利配出，但這種好事明年不一定會有，所以應該要觀察公司長期獲利而不是一次性獲利。

Step By Step 教你
計算港股「平均現金股息殖利率」低買高賣

就價值投資法來說，「選股」是最核心的價值，如果這家公司體質不佳，則無論價格多麼便宜，都不應該買進。所以你要做的，就是選擇優質的公司，然後以低於它「價值」的價格買進，持有一段時間後，肯定能獲得合理的利潤。所以投資人最重要的工作就是選擇優質股票，並評估它的「價值」。「價值投資」的「評估方法」有很多種，而「平均現金股息殖利率法」可說是最簡單有效的一種。基本上，只要用到簡單的加、乘、除，就可以搞定你的投資大計，找出其股票的「便宜價」和「昂貴價」作參考，令你在這區間之中，低買高賣，穩賺投資回報。

Step 1

在一些財經網站或一些財經手機App，輸入你準備投資的股票號碼，再從裡面的資料當中，找出5年派息的年度及金額。雖然資料位置在每個網站也不同；但也很容易找出來。

| 股票報價 | 圖表分析 | 互動圖表 | 市場成交 | 相關新聞 | 公司資料 | 機構評級 | **公司活動** | 同行比較 | 相關證券 |

業績公佈 | 股票回購 | 派息 | 配售
▶ 派息

`939` [Q]

00939 建設銀行 [銀行 16 6 13]

宣佈日期	財政年度	事項	除淨/生效日期	截止過戶日期
2018/08/28	2018/12	不派中期息	--	--
2018/03/27	2017/12	末期息人民幣29.1分	2018/07/09	2018/07/11 至 2018/07/16
2017/08/30	2017/12	不派中期息	--	--
2017/03/29	2016/12	末期息人民幣27.8分	2017/06/22	2017/06/24 至 2017/06/29
2016/08/25	2016/12	不派中期息	--	--
2016/03/30	2015/12	末期息人民幣27.4分	2016/06/22	2016/06/24 至 2016/06/29
2015/08/28	2015/12	不派中期息	--	--
2015/03/27	2014/12	末期息人民幣30.1分	2015/06/23	2015/06/25 至 2015/06/30
2014/08/29	2014/12	不派中期息	--	--
2014/03/28	2013/12	末期息人民幣30分	2014/07/02	2014/07/04 至 2014/07/09
2013/08/23	2013/12	不派中期息	--	--
2013/03/22	2012/12	末期息人民幣26.8分	2013/06/13	2013/06/15 至 2013/06/20

Step 2

找到最近5年每股派息金額後，把數字加起來，再除以5。把得到的數字，乘以之前篇幅提及的「合理價」「便宜價」和「昂貴價」所對應的倍數，便可以輕易找出其股票的參考價值。

$$0.291+0.278+0.274+0.31+0.268$$

1.421

鍵盤					
	C	( )	%	÷
0.291+0.278+0.274+0.31+0.268	7	8	9	×
=1.421	4	5	6	−
	1	2	3	+
1.421÷5				
清除歷程記錄	.	0	+/−	=

Step 3

再回到財經網站或一些財經手機App，找出股票的即市價位，除以上一個步驟中找到的5年平均現金股息，然後再乘以100%，你便可以輕易計算出當天該股票的「平均現金股息殖利率」。

00939	00939 建設銀行	銀行	13 13 4 5

↓6.830	即時	最高 即時 6.880	成交股數 即時 167.298M	前收市 6.850	1個月最高 7.200	市值 1,627.625B
-0.020 (-0.292%)		最低 即時 6.760	成交金額 即時 1.140B	開市 6.880	1個月最低 6.330	沽空金額 (27/09) 144.371M
加入投資組合						

即市人氣股/即時最近搜看 ◄	極速報價	買入 #	6.770	10天平均值	6.644
		賣出 #	6.780	20天平均值	6.729
分鐘圖 日線圖 互動圖表		交易宗數	3046	50天平均值	6.874
00939 CCB 1-min Chart		每宗成交金額	339,177	100天平均值	7.140
2018/09/27 14:20 etnet.com.hk © copyright		加權平均價	6.814	250天平均值	7.201
		交易貨幣	HKD	52周高	9.045
	6.870	單位	1000	52周低	6.245
		每手入場費	6,830	14天RSI	53.661
	6.840	買賣差價	0.010/0.010	10天回報率	6.614%
		市盈率/預期	6.198/5.713	風險率	0.627%
	6.820	周息率/預期	4.951/5.369	回報/風險比率	10.549

「平均現金股息殖利率」評股範例：00939 建設銀行

派息記錄

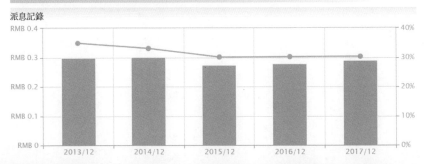

年度/季度	2013	2014	2015	2016	2017
派息比率	34.884	33.077	30.11	30.217	30.313
現金股利	RMB 0.3	RMB 0.301	RMB 0.274	RMB 0.278	RMB 0.291

5年現金股利總和	平均現金股息
0.3+0.301+0.274+0.278+0.291 = RMB 1.453	1.453÷5 = RMB 0.2906

股票價值	參考價錢	平均現金股息殖利率
便宜價	RMB 0.2906x16 = RMB 4.6496	0.2906÷4.6496x100 =6.25
合理價	RMB 0.2906x20 = RMB 5.812	0.2906÷5.812x100 =5
昂貴價	RMB 0.2906x32 = RMB 9.2992	0.2906÷9.2992x100 =3.125

*中資股派息以人民幣計算，所以計算「平均現金股息殖利率」時要考慮當時匯率作準。假設以人民幣匯率1.13963計算，合理價便是5.812x1.13963=HK$6.6235

37

「平均現金股息殖利率」評股範例：00778 置富產業信託

派息記錄

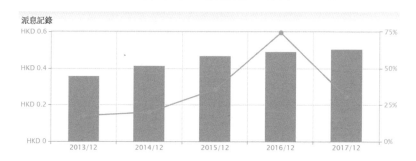

年度/季度	2013	2014	2015	2016	2017
派息比率	17. 416	19. 83	35. 515	74. 22	30. 28
現金股利	HKD 0. 36	HKD 0. 4168	HKD 0. 4688	HKD 0. 4923	HKD 0. 5078

5年現金股利總和	平均現金股息
0. 36+0. 4168+0. 4688+0. 4923+0. 5078 = HKD 2. 2457	2. 2457÷5 = HKD 0. 44914

股票價值	參考價錢	平均現金股息殖利率
便宜價	HKD 0. 44914x16 = HKD 7. 18624	0. 44914÷7. 18624x100 =6. 25
合理價	HKD 0. 44914x20 = HKD 8. 9828	0. 44914÷8. 9828x100 =5
昂貴價	HKD 0. 44914x32 = HKD 14. 37248	0. 44914÷14. 37248x100 =3. 125

「平均現金股息殖利率」評股範例：
00005 匯豐控股

派息記錄

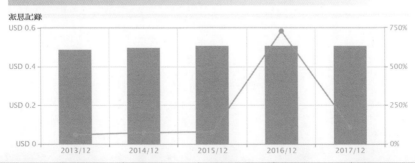

年度/季度	2013	2014	2015	2016	2017
派息比率	58.333	72.464	78.462	728.571	106.25
現金股利	USD 0.49	USD 0.5	USD 0.51	USD 0.51	USD 0.51

5年現金股利總和	平均現金股息
0.49+0.5+0.51+0.51+0.51	2.52÷5
USD 2.52	= USD 0.504

股票價值	參考價錢	平均現金股息殖利率
便宜價	USD 0.504x16 = USD 8.064	0.504÷8.064x100 =6.25
合理價	USD 0.504x20 = USD 10.08	0.504÷10.08x100 =5
昂貴價	USD 0.504x32 = USD 16.128	0.504÷16.128x100 =3.125

*匯豐控股派息以美元計算，所以計算「平均現金股息殖利率」時要考慮當時匯率作準。假設以美元匯率7.828計算，合理價便是10.08x7.828=HK$78.90624

「平均現金股息殖利率」評股範例：
00002 中電控股

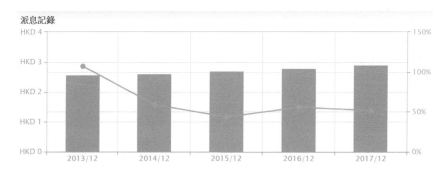

派息記錄

年度/季度	2013	2014	2015	2016	2017
派息比率	107.083	59.009	43.548	55.666	51.596
現金股利	HKD 2.57	HKD 2.62	HKD 2.7	HKD 2.8	HKD 2.91

5年現金股利總和	平均現金股息
2.57+2.62+2.7+2.8+2.97	13.66÷5
= HKD 13.66	= HKD 2.732

股票價值	參考價錢	平均現金股息殖利率
便宜價	HKD 2.732x16	2.732÷43.712x100
	= HKD 43.712	=6.25
合理價	HKD 2.732x20	2.732÷54.64x100
	= HKD 54.64	=5
昂貴價	HKD 2.732x32	2.732÷87.424x100
	= HKD 87.424	=3.125

「平均現金股息殖利率」評股範例：00011 恒生銀行

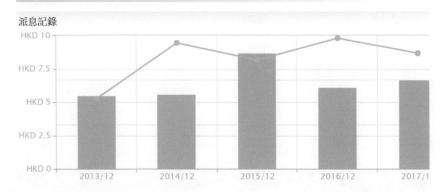

派息記錄

年度/季度	2013	2014	2015	2016	2017
派息比率	39.427	70.796	61.181	73.494	65.049
現金股利	HKD 5.5	HKD 5.6	HKD 8.7	HKD 6.1	HKD 6.7

5年現金股利總和	平均現金股息
5.5+5.6+8.7+6.1+6.7 = HKD 32.6	32.6÷5 = HKD 6.52

股票價值	參考價錢	平均現金股息殖利率
便宜價	HKD 6.52x16 = HKD 104.32	6.52÷104.32x100 =6.25
合理價	HKD 6.52x20 = HKD 130.4	6.52÷130.4x100 =5
昂貴價	HKD 6.52x32 = HKD 208.64	6.52÷208.64x100 =3.125

「平均現金股息殖利率」評股範例：
00941 中國移動

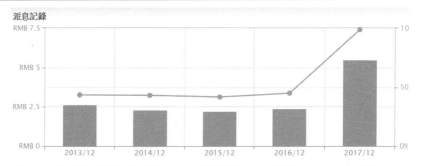

派息記錄

年度/季度	2013	2014	2015	2016	2017
派息比率	43.322	42.955	41.604	41.915	98.71，
現金股利	RMB 2.621	RMB 2.311	RMB 2.205	RMB 2.385	RMB 5.508

5年現金股利總和	平均現金股息
2.621+2.311+2.205+2.385+5.508 = RMB 15.03	15.03÷5 = RMB 3.006

股票價值	參考價錢	平均現金股息殖利率
便宜價	RMB 3.006x16 = RMB 48.096	3.006÷48.096x100 =6.25
合理價	RMB 3.006x20 = RMB 60	3.006÷60x100 =5
昂貴價	RMB 3.006x32 = RMB 96.192	3.006÷96.192x100 =3.125

*中資股派息以人民幣計算，所以計算「平均現金股息殖利率」時要考慮當時匯率作準。假設以人民幣匯率1.13963計算，合理價便是60x1.13963=HK$68.3778

「平均現金股息殖利率」評股範例：
00303 偉易達

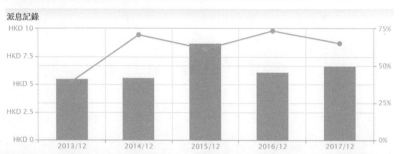

年度/季度	2013	2014	2015	2016	2017
派息比率	98.401	98.859	58.172	98.177	97.442
現金股利	USD 0.8	USD 0.78	USD 0.42	USD 0.7	USD 0.8

5年現金股利總和	平均現金股息
0.8+0.78+0.42+0.7+0.8 = USD 3.5	3.5÷5 = USD 0.7

股票價值	參考價錢	平均現金股息殖利率
便宜價	USD 0.7x16 = USD 11.2	0.7÷11.2x100 =6.25
合理價	USD 0.7x20 = USD 14	0.7÷14x100 =5
昂貴價	USD 0.7x32 = USD 22.4	0.7÷22.4x100 =3.125

*偉易達派息以美元計算，所以計算「平均現金股息殖利率」時要考慮當時匯率作準。假設以美元匯率7.828計算，合理價便是14x7.828=HK$109.592

派息不疏爽，就一定不是一間好公司嗎？

如果你是一個「食息達人」，又是一個「平均現金股息殖利率」的追隨者，當然特別會喜歡投資年年派高息的公司。不過，香港上市公司數千間，有大部份公司的派息比率和息率都不高，甚至有些公司完全不派息，難道那些公司，就一定是垃圾公司？

一間公司的派息策略，其實是可以很多考慮的。有時候，又要看公司發展的階段，例如一家公司起步不久的公司，如果把大部份賺到的錢用來派息，而不是投資多一些在未來發展之上，公司未來賺錢能力未必太高。

科網股、科技股一向不太高息。騰訊(00700)舉行股東大會，會上有股東投訴其派息比率低與其規模不相稱。不過，其實臉書(Facebook)更實行「零派息」以配合發展需求。難道你會懷疑Facebook在這個年代的賺錢能力？

如果一間公司，能夠保留一定的資金，用於發展或收購新項目，未來賺多了錢，即使維持派息比率不變，公司派的股息，會隨著公司身價上升，不繼增加，金額有機會高於一間息率高，業務停滯不前的公司。例如：

今年賺200萬元，派息比率30%，派息金額60萬元。
明年賺400萬元，派息比率30%，派息金額120萬元。

如果你是香港人，即使不認識維他奶股票；也一定飲過維他奶。多年之前，維他奶每年都可以派超過100%，的盈利作股息；不過，近年維他奶要發展內地業務，派息率就降低了不少，這樣減派息就是否代表不可取呢？

維他奶1994年在香港上市，1994年位於中國深圳的廠房才正式投產，1998年上海廠房投產，2011年佛山廠房投產，2016年武漢廠房投產。直到2016年，中國地區的營收才超過港澳，股票亦以倍數翻。

所以，即使我們用「平均現金股息殖利率」去找高息股時，不要只盲目地看公司股息率及派息比率，還要看公司有沒有投資未來及業務前景，這才可以達到財息兼收。同時又要配合投資者的取態，投資組合內，存有一些不派息的類型，其實是可以接受的。

有很多公司喜歡玩財技

更值得注意的是，有些情況，在選股時要搭配「個股成交量」與「股價」兩項指標一起評估。因為成交量少的細價股，尤其是股權高度集中於少數股東的公司，可能會有大股東玩財技。

有不少較小型的上市公司，大股東都會將股票抵押給財務機構，以取得更多的借貸（甚至是大股東自己有私人借貸需要）。沒有人會做蝕本和高風險的生意，所以那些機構，很多時都會要求其股價不可跌破某水平，因為若股價大跌，即意味著抵押品價值大減，就算賣出也未必能抵消債務。

在股票抵押的合約中，那些財務機構，往往會在條款中寫明股價不可低於某水平，若低過便可將抵押的股票，隨時在市場上沽出。十多年前，有次大規模的細價股股災，就是因為很多細價股被強行沽出抵押股票，因而造成。

正因為這些有私心的無形財技，和有形的抵押品，令到大股東有誘因，想盡辦法去把股價保持在某價位之上，例如利用莊家、自己人等去創造成交，從而製造股價（即所謂的操控股價，當然這是不法的）。

較正路的做法，仍然可以令股價保持在某價位之上，就是利用公

司的派息政策。之前的篇幅也提及過,穩定的派息政策,甚至是高息政策,都會吸引一些長線投資的捧場客,這便可對股價產生利好的作用。

大家可以想像一下,假如公司賺2000萬元,全派息,若大股東能收到1800萬元,只有200萬元流出,即這次的成本只是200萬元,若果這成本能助他維持到股價高於抵押條款的那水平,而利益更高於這成本,那大股東便好可能會這樣做了。

一句到尾,大股東和公司管理層的關係,及大股東的持股比例,都會有不同的派息政策,投資者要分析推斷,明白背後所隱藏的動機,才能對公司的價值作出更全面的評估。

30年平均獲利20%！
就是這樣做到的！

在股票市場賺錢的法則很簡單，只要「買得夠便宜」，就有很高的機會賺到錢。歷史回溯證據也顯示，「價值投資之父」葛拉漢（Benjamin Graham），就是透過尋找有價值的公司，讓他30年平均獲利20%！股神巴菲特在2011年3月7日「寫給股東的信」的開頭，亦列舉了波克夏公司1965年到2010年這45年間的平均績效，數值高達20.2%。你的獲利目標又是多少呢？

每年穩賺10-15%不是天方夜譚

也許有人會說，股神做得到，並不代表普通人做得到。想要達成每年15％，的目標好像有困難吧？特別是現在的優質股票價格都不便宜，在當中要買到殖利率6.25％的便宜價都不容易了，更何況是15％，這根本是天方夜譚吧！

「只要確定很便宜就行了。」不會寄情於組合中哪隻股票有多好的表現，而是依靠「整體投資組合」的表現取勝。也就是說，把當時所有便宜的股票都買進來，整體績效平攤下來，就一定會賺錢。

其實，關於一年獲利15％，這個目標，並不是單純的用每年15％、15％、15％來計算。我們以3年作為一個周期做例，3年合計45％，再換算為每年15％的績效，這樣的目標設定，絕對是有可能達成的。根據下頁的圖表，用低價買進優質的股票，主要的利益包括項目 1 +項目 2 +項目 3 的總和。

項目 1 指現金股息，項目 2 指由便宜價到合理價這段，項目 3 指由合理價到昂貴價這一段。因為是便宜價買進優質股票，所以項目 2 （由便宜價上漲到合理價這一段）是非常可能達成的，項目 3 也有可能達成一部分，但遵守穩陣保本原則，這部份買入的股票理應不多，所以佔的比重應該也不多。

1年獲利15％項目攻略圖表

項目 1	現金股息每年6.25％複利	$(1+6.25\%)3$ =約20％
項目 2	由便宜價到合理價升幅所賺取	20％
項目 3	由合理價到昂貴價升幅所賺取	5％
項目 1 + 項目 2 + 項目 3 總和		45％
3年平均		15％

遠遠高於設定的15%獲利絕不出奇

假設你在眾多公司裡，找到一間過去5年每年有現金股息2元的優質股票。由於股災的關係，股價下跌到不合理的20元。依據之前篇幅推算的方法，便宜價為平均股息的16倍，也就是32元，合理價為平均股息的20倍，也就是40元。

如果你在股災時以20元買進並持有3年之後，因為股災早已消退，所以股價回到合理價的40元，則你3年下來的獲利總數為26元，獲利比率為130％，平均一年的獲利比率為43.3％，遠高於設定的15％目標，計算如下：

> ・3年現金股息（暫不考慮複利因素）：2元 × 3年 ＝ 6元
> ・股價由便宜回升到合理價：40元-20元 ＝ 20元
> ・3年獲利總合：（6元+20元）＝ 26元
> ・3年獲利總比率：（26元÷20元）× 100 ＝ 130％
> ・1年的獲利比率：130％÷3=43.3％

世界環境趨勢都在改變，適合以前的、不見得也適合未來。所以，要進行這個投資方法的朋友，千萬要記得用「組合」來分散風險。每年檢視，持續做下去！30年下來，平均每年有20％以上的回報率，真的不是夢！

筆記欄

筆記欄

教你打造出
進可攻
退可守
的穩陣股票倉

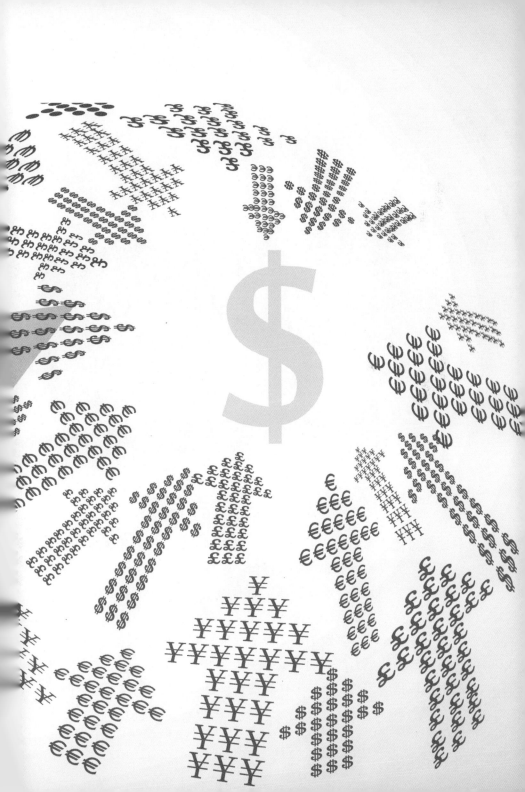

教你打造出
進可攻退可守的
穩陣股票倉

之前篇幅所講及的「平均現金股息殖利率法」，目的是要找出優質股。如果買入的是在「合理價」優質股，基本上可以不理其短期跌幅。因為股票就是企業，短期的市場價格，其實和企業本質無關，長期才會回歸企業基本面。大部份的人都會認為，面對跌市，先賣出，等到跌到盡才再買回來是最好的方法。如果你是個有準確預知能力的神仙，這想法絕對正確。不過，根據統計，散戶往往是估錯的。所以，在無法估到股市走勢下，你便要分段建倉買入。

創建一個贏多輸少的股票組合列表

透過「價值投資」的方向，評估一些準備要投資的股票後，把你認為優良的股票列成個表，表內要清楚包含買進的目標價格。沒有目標的投資行為，就像一趟不選擇目的地的旅行。「目標價」代表了目的地，有了「目標價」的入市計畫，才能有正確的投資方向，容易成功。

有目標就需要有耐性，如果這些股票的價格沒有下跌到這個區塊，就靜觀其變，並假設它遲早會跌到這個價格。因為在你「股票組合列表」中的股票，應該不只得三幾間公司，有些股價高；有些股價低，所以不必擔心到最後會沒有好股票可以買。

大市要跌，即使是優質股一樣也頂不住。當好的股票下跌至之前你在「股票組合列表」所訂立目標價位時，就開始執行買進的動作。在入貨過程中，你並不需要一次買足所有的量，而是採取分批進行的策略。

這是因為股價雖然已經跌到目標區，但未來還是有可能繼續下跌。根據以往的經驗，當市場悲觀時，即使該股已經超跌，悲觀的投資人仍然會繼續賣出，所以分批買進是比較安全的方式。雖然你不是買在最低點；但卻可以在一個經過計算的心目中價位，入了一些貨作長線部署。

股票組合列表的選股原則

先挑選出優良、可靠的公司，挑選的方法首要著重安全，例如以各類股的龍頭股為對象，但你也可選擇自己喜好的股票，不受限於龍頭股，不過最好是有區域獨佔、穩定現金收入、高毛利率等優勢。這樣說，你可能仍然覺得很空泛，所以現在就具體地告訴你，放在「股票組合列表」中的候選股，應該用以下的3個法則和3段分佈比例。

1 平均現金股息殖利率選股法(80％)

「平均現金股息殖利率法」是構建「股票組合列表」的主要選股原則。組合中，應有8成的股票由這方法選出來。簡單地說，就是以3～5年的現金股息做基準，找出股票價值比價格高的公司，趁低吸納。至於詳細選股方法，之前已解釋得很清楚，所以這裡不多談了。

2 成長股選股法(10％)

對於價值投資者，股東權益報酬率ROE(Return On Equity)是被經常使用來找尋成長股的指標，這個指標越高，代表公司為股東賺回的獲利越高。股神巴菲特持有的公司都具有高ROE特色，如其走勢平穩或上升，代表為股東帶來獲利的效率越來越好。

這種股票頗為珍貴，如果你能夠於低價區買到，並且長期持有，則獲利可觀。因為它能夠維持很高的ROE，所以通常股價比較高，在股災發生時，才比較有機會以理想的低價買到。

資本充足比率(%)	13.34	14.86	15.39	14.94	15.50
成本/收入(%)	46.25	43.73	41.18	38.86	35.08
流動資金/存款(%)	24.12	24.23	22.43	23.40	21.32
▶ 營運能力分析					
貸款/存款(%)	68.41	71.50	74.88	74.59	76.84
貸款/股東權益(倍)	7.84	7.43	7.14	7.29	7.07
貸款/總資產(%)	54.42	55.08	55.78	54.80	56.84
存款/股東權益(倍)	11.47	10.39	9.53	9.77	9.19
存款/總資產(%)	79.56	77.04	74.49	73.47	73.96
▶ 投資回報分析					
貸款回報率(%)	2.57	2.47	2.23	2.01	1.93
存款回報率(%)	1.76	1.77	1.67	1.50	1.48
股東權益回報率(%)	20.14	18.35	15.91	14.68	13.61
總資產回報率(%)	1.40	1.36	1.24	1.10	1.10
▶ 投資收益分析					
▶ 相關統計					
財政年度最高股價	6.750	6.420	7.980	6.140	7.210
財政年度最低股價	5.000	4.890	5.020	4.310	5.690
財政年度最高市盈率(倍)	6.13				
財政年度最低市盈率(倍)	4.54				
財政年度最高週息率(%)	7.68				

股東權益報酬率，除了從財務報表計算出來外；其實也可以從很多財經網站直接找出來。進入www.aastocks.com，輸入你想查詢的股票號碼；然後點選「公司資料」，再Click入「財務比率」，便可以輕鬆也找到「股東權益報酬率」。

存款/股東權益(倍)	11.47	10.39	9.53
存款/總資產(%)	79.56	77.04	74.49
▶ 投資回報分析			
貸款回報率(%)	2.57	2.47	2.23
存款回報率(%)	1.76	1.77	1.67
股東權益回報率(%)	20.14	18.35	15.91
總資產回報率(%)	1.40	1.36	1.24
▶ 投資收益分析			

股東權益回報率

3 景氣循環股選股法（10％）

航運、證券、房地產等具有非常明確的產業循環，而且各產業的循環周期不一樣，不能用現金殖利率法選股，必須逆向思考，收集更多的經濟數據。這種類型的股票，必須收集更多的經濟資料，並且預測行業的循環變化，如果投資人錯誤地把此類股票用「平均現金股息殖利率法」去篩選，可能產生巨大的虧損。

用ROE找出成長股要注意什麼？

在之前的篇幅也曾說過，有些公司因為擴張的需求，可能不會分配現金股息，所以如果你在挑選優質股票放進你的「股票組合列表」時，單單只採用「平均現金股息殖利率法」選股方法，可能有遺珠之憾。所以，組合的10％必須加入股東權益報酬率法。

所謂的成長股選股法，就是以個股之高股東權益報酬率（ROE）為目標的選股方法，通常成長股的股本較少，即使股利政策以分配股票股利為主，它仍能維持很高的股東權益報酬率。

用ROE可以看出一家公司利用股東權益創造獲利的能力好不好。由於購買一家公司的股票，你就是股東，因此，ROE數值愈高，獲利能力愈佳，股東就可能享受到公司所給予的獲利愈多。

$$ROE = \left(\frac{稅後純益}{股東權益} \right)$$

股東權益報酬率的「一貫性」最重要

用「成長法」選股最著重營業收入的成長，也兼顧公司歷年的股東權益報酬率(ROE)水準，如果股東權益報酬率能夠維持高水準，就繼續投資；如果不能，就馬上停損。一般市面上常見的定義如下：

```
最低標準：    10％ <=ROE ＜ 15％
中上公司：    15％ <=ROE ＜ 20％
好的公司：    20％ <=ROE ＜ 30％
```

巴菲特認為競爭優勢持久，才有勝算可言。巴菲特不會因為一家公司的股東權益報酬率偶爾上升就急著進場，他會偏好的公司，一貫保持有高股東權益報酬率。務必了解「一致性」等於「持久性」。ROE不能只看一季，而要觀察趨勢，是否能持續維持一定水準，所以基本面投資人大多會設定4個條件，挑選最有價值的股票：

1 最近10年，每年ROE都比8％大
2 最近3年，平均ROE大於15％
3 ROE連續1年創新高
4 ROE創歷史新高

用ROE選股最好搭配市盈率比較

「成長法」的選股，主要是對該公司未來發展有樂觀的期待，所以非常重視營業收入的情況，如果每年都能大幅成長，盈餘應該也會不錯。由於對未來有樂觀期待，所以在「成長股」的價格上容許比較高的市盈率(PE)，投資人也願意忍受比較低的現金殖利率。但是過高的期待以及相關人士的推波助瀾，往往把這樣的股票炒作到十分不合理的狀態，所以大家要特別注意。

從公式上來看，ROE跟股價一點關係也沒有，ROE在定義上是沒有「股價」這個元素的，所以並不能判斷公司價格是否便宜。所以投資人絕對不能把ROE當作唯一的買進依據，最好搭配市盈率計算股價的比率，市盈率低才算處於便宜階段。

用ROE選股不適用於景氣循環股

一般來說，景氣循環股以原物料類股為主，如鋼鐵、塑化、紡織、橡膠、航運、地產、造紙、水泥、玻璃、食品等傳統產業，這些原物料相關的傳產股具有長週期景氣循環股的特性，另外還有像金融股，同時也會受到政策與環境的影響，景氣循環股隨著景氣變動，盈餘忽大忽小，或是發生虧損，反覆波動的情況，可能反映該產業競爭過於激烈或獲利能力不夠穩定，因此較不適合用ROE來看。

如何選擇景氣循環股？

對於周期類股票，採用市賬率(PB)估值相對於市盈率(PE)估值是一個更為可靠的方法。尤其是在周期的底部時，這類周期性股票的股價常常會大幅度地低於每股資產淨值，一旦周期進入上升階段，股價往往會數倍於每股淨資產。

周期股優選標準：

1. 市賬率不超過1.5倍
2. 每股收益連續兩季增幅超過30％，越高越好
3. 行業龍頭或具有壟斷優勢
4. 行業景氣度提升，拐點出現

市賬率，除了從財務報表計算出來外；其實也可以從很多財經網站直接找出來，甚至用手機Apps，一查便查出來，完全不用計數。

投資周期股時必須選擇行業龍頭，中小企業很可能在行業回暖前已經倒下，即使能生存也沒有競爭優勢。最後，買入周期股後，並不是就高枕無憂了，還需要持續跟蹤公司的營收和利潤，如果業績不及預期，需及時制定策略。

建立「股票組合列表」的好處

在建立「股票組合列表」的過程，為了挑選最好的股票，通常會設定許多條件，例如「高殖利率」與「高ROE」，但是，「高殖利率」是價值型選股，特質是要待股價不高。

而「高ROE」是成長型選股，特質是股價比較高，這是兩個不同的條件，如果放在一起又把標準訂得很高，結果通常是「找不到」！除非是「重大股災又發生了」！所以，在設定條件挑選股票時，不能一次全部使用，必須單獨評估，或將性質相近的兩項一起使用，等挑出合適的股票以後，再研究其他的條件是不是能夠接受。

相對於過千隻股票的股海，有了自己的「股票組合列表」，便可以維持在10-20隻左右的精兵組合。因應情況，選取最適合的股票和時機，不用每一隻也買，讓自己保持輕鬆的心情，同時也可以很有效率地執行買進的操作。

投資者從一組經過嚴格篩選的組合當中，選擇投資的標的，自然都是精挑細選的公司，不是人云亦云，胡亂投資，在確保投資安全方面，確實可以發揮功效。因為入選的股票具有不錯的獲利能力，又有優秀的股利政策，儘量選擇低價的時候買進，必能增進投資的績效。

股票組合列表參考樣本

投資比例	股票資料				
平均現金 股息殖利 率選股法 佔總投資 金額 80%	股票代號	股票名稱	買入目標價	賣出目標價	備註
成長股選 股法佔總 投資金額 10%	股票代號	股票名稱	買入目標價	賣出目標價	備註
景氣循環 股選股法 佔總投資 金額 10%	股票代號	股票名稱	買入目標價	賣出目標價	備註

筆記欄

筆記欄

贏在
會選 龍頭股

當大市升得熱鬧，甚麼都可以炒，甚麼都可以大升的時候，只要注碼應用得宜，短線趨勢捕捉得好，或者消息收得準，甚至跟報紙買股票，都可以賺錢。不過，對於中長線投資者而言，選股仍然很重要。存股的目的是要長期持有、穩定獲利，想要抱得住、賺得久，第一步就要先選出「不會倒」的好公司，期間即使大市「插水」，股價遲早也會還人公道，加上穩定配息，想賠錢也難。所以，在這章節，會教大家在每一個行業板塊裡，找出龍頭的技巧。

龍頭老大就不會出問題？

行業板塊，顧名思義，就是以行業作為標準進行歸總的板塊。例如金融板塊、石油石化板塊、電信板塊、房地產板塊、電力板塊、醫藥板塊、高科技板塊、有色金屬板塊等。龍頭股是指某一時期在股票市場中，對同行業板塊的其他股票具有影響和號召力的股票，龍頭股的漲跌，往往對其他同行業板塊股票的漲跌起引導和示範作用。

龍頭老大會不會出問題？當然也有可能，2008年，世界最大的保險公司AIG、世界最大的銀行花旗銀行都面對倒閉的風險。不過，也因為這些企業是龍頭老大，已經達到「大到不能倒」的境界，所以最終都不倒。

股價和價值本來就會脫勾，更何況在股災時？這個時期，你就會等到好股票相對便宜的價格。好公司遇到景氣不佳時，只是獲利減少，通常都能安全渡過不景氣，因此，只要選對好股，例如績優龍頭股，採用分批進場或定期定額的方式，幾年下來要輸也難。

不同的行業往往涉及不同的行業性質、增長潛力、派息能力以至風險程度。所以，不能以「一刀切」的方法為所有股份進行分析和估值。至於，如何對各行業作出基本面選股，在本章節中，便會詳細告訴你。

先選強勢板塊 再選強勢股票

如果你未必有時間可以研究所有的行業板塊，又或者未必有時間可以研究所有的個別公司，那你可以先選定個別一兩個板塊，再從中挑選強中之強。以下是一些選擇行業板塊去投資應注意的情況，是基本分析的主要線索。

注意各個行業板塊的特點

由於不同行業有不同的特點，有些行業正處於行業的初創期，未來發展前景光明，對這些行業應傾注更多的精力和時間。如電子商務正處於世界性發展初期，代表著未來的發展方向，在這個行業多花點時間，會帶來較大的成果；而有些行業正處於衰退期是夕陽行業，則其發展前景不甚明朗，在這上面可投入精力少一些。

而受國家重點支持的行業，一般均會享受一定的優惠政策，因此它們的發展速度會較快。一些處於壟斷的行業也往往具有優勢。因此進行行業分析，應重點放在這些有獨特特徵的行業板塊上，其他適度關注就可。

要注意經常調整行業板塊的個股

由於股市會不斷發展，有很多新的上市公司源源不斷地加入，因此許多板塊的個股要時常進行調整，而且一些上市公司會根據經濟政策和社會的需求不斷地調整主業發展方向，有的甚至完全拋棄舊的行業，進入一個全新的發展行業，這時也應相對地進行板塊調整。行業板塊分析也應是動態的，保持一定的靈活性。

要清楚在行業板塊中有影響力的公司

聯動效應是指當某個或某種股票有所「行動」時，和它「關係」密切的股票也相應地做出反應，從而產生一系列變動的效應，影響整個行業板塊。要把該板塊所有的上市公司按重要性和影響力進行排序，重點放在對龍頭股的研究上，一旦該行業板塊啟動，則要清楚那些個股會在該板塊中充當「領頭羊」的作用。必須明確的是，龍頭股是會經常改變的。

找出股票市場下輪行情的主流板塊

因為我們進行板塊分析目的不是為分析而分析，重要的是判斷那些板塊行業會受到市場青睞，這樣就可搶佔先機，在市場中獲勝，而尋找主流板塊，一般可結合國家經濟政策和行業政策發展綱要來進行。投資者可以根據這樣的內在邏輯關係找到產業鏈的聯動從而獲益。

行業板塊資料快速搜尋

經濟通行業升跌一覽

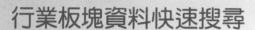

行業	平均升/跌幅	上升/下跌/不變/無成交股票				成交金額	佔大市%	上日成交額	佔
石油及天然氣	-0.472%	9	27	9	11	516,651,563	1.474	1,728,090,968	
煤炭	-0.154%	6	10	4	9	135,107,861	0.386	566,626,909	
黃金及貴金屬	-0.417%	4	5	1	5	43,096,751	0.123	67,382,252	
一般金屬及礦石	-0.565%	10	33	13	23	200,483,838	0.572	537,628,114	
紙及林業產品	-0.655%	1	10		10	31,754,422	0.091	100,360,421	
化學製品	-0.851%	1	14		14	29,902,459	0.085	74,467,010	
工業	-0.550%	15	56	19	47	281,250,855	0.803	720,004,884	
汽車	-0.429%	10	33	4	13	693,199,196	1.978	1,698,661,896	
電器及消閒電子產品	-0.690%	3	12	5	21	104,575,959	0.298	317,185,588	

http://www.etnet.com.hk/www/tc/stocks/industry_adu.php

阿思達克財經行業分類表現

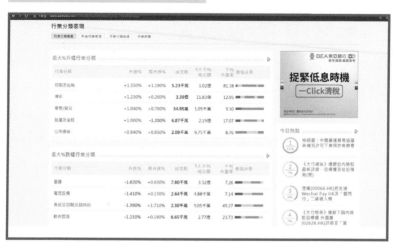

http://www.aastocks.com/tc/stocks/market/industry/
top-industries.aspx

怎樣選擇銀行股

銀行股通常股息誘人,很多「好息之徒」都會搶著買。不過,買銀行股收息的風險其實不低,因為銀行本身的經營風險很高。銀行的收入,大部份來自借錢出去收取的利息。銀行賺的是借錢利息,成本是我們儲蓄存款的利息。兩款利息的差距,就是財經界稱的「息差」。息差越大,銀行賺得越多。不過,做10宗貸款,只要有1宗壞帳,就可能蠶食其餘9宗的利潤。

買入銀行股前你要注意的事

有很多人對銀行股情有獨鍾，認為銀行是大金融機構，是百業之母，經濟死，銀行也不會死。事實上，在香港上市的銀行股也有很多類型，大家投資的時候，最好先搞清楚，對銀行股多一點認識。在選擇銀行股的時候，除了參考同業銀行股的市盈率外，還可以針對式進行評估，以買入潛力較高而又穩定的銀行股。

留意銀行主要業務的地區性

首先你要知道，準備買入的銀行股，其公司業務究竟主要集中在那些地方；屬於中資銀行股，本地銀行股，還是國際的銀行股，以及當地市場的經濟發展情況，都要清楚了解。

單單在香港上市的銀行股裡面，其業務就有不同的主要市場，例如以香港為主要業務的，包括恒生銀行(0011)、中銀香港(2388)、東亞銀行(0023)等，而大家熟悉的大笨象匯豐(0005)，部份主要收入來自香港及歐洲；渣打(2888)的業務則以新興市場為主。

當然，銀行股中，還有很多主要來自內地的中資銀行股(大家通常叫內銀股)。以內銀股作為退休收息股是可以的，但最好遵從這一點，就是最好只集中四大內銀：建設銀行(0939)、工商銀行(1398)、農業銀行(1288)、中國銀行(3988)。

至於那些沒有「阿爺」背景的內銀，如招商銀行(3968)、民生銀

行(1988)、中信銀行(0998)等，其投資價值確實不如四大國有銀行，原因在於四大銀行業務較穩健，貸存比率相對較低，資金壓力不大。

貸存比率是指銀行的貸款總額與存款總額的比率，比率愈高，代表銀行借出的資金愈多，盈利能力按理愈高，但銀行亦須擁有充足流動資金，貸存比率便是衡量流動性措施之一。

你又可能會話，那貸存比率高豈不是可以賺更多的錢？問題是風險管理，萬一經濟表現轉差的話，還錢能力也大打了折扣，這會影響銀行的資產質素，即是有機會多了一些收不回來的壞帳。

內銀股相對於其他以香港為基地的銀行股、國際銀行股，波動一般會比較大。其實銀行股難以用個別因素評價，分析師會用每股盈餘增長、市盈率、市賬率等財務因素評價。總之，大家投資前要做好風險準備，不要過於進取，不要因投資大行加入唱好，就憧憬無限，盲目入市。

加息必買銀行股只是一個「美麗的誤會」

當我們把錢存到銀行之後，我們會收到銀行給我們的利息（比較少），然後銀行再把錢借給其他人或企業（利息比較高）。這樣左手進、右手出，用錢賺錢，銀行就是賺這中間的利息差額。

銀行股一直被視為加息贏家，很多人認為，加息就要買銀行股，理由是淨息差擴闊，帶動銀行淨利息收入增長，從而推動整體盈利改善。這個想法，邏輯非常正確；不過有兩點大家還是未想通：首先，加息影響的不單單只是貸款利率，存款利率亦同時有機會上調。第二，加息一旦損及經濟增長（因為提高利率會增加公司借貸的成本），繼而打擊信貸需求，銀行盈利可能不增反減。

政府政策的影響

由於銀行的業務跟經濟發展息息相關，受政府政策的影響較大，而早年出現的金融海嘯，造成全球經濟危機，主要由銀行及金融機構胡亂借貸所引發。所以，金融海嘯之後，各地政府都對金融業加了很多限制，為銀行發展套上了緊箍咒，銀行賺錢能力大打折扣。購買政府債券或量化寬鬆貨幣政策是政府向經濟注入資金的其他方式，這通常有利於銀行和零售類股票。

銀行股估值分析7大指標

銀行業務的複雜程度遠比一般企業高,在分析銀行股時,不再是預測公司的銷售額和產品價格,而是改從預測貸款(利息收入)和存款(利息支出)入手。所以,要評估銀行股票的吸引力時,除了要留意應用常見的估值比率,例如市盈率(PE)和股息收益率等等之外,還有些分析銀行股時要特別留意的財務比率指標:

1 不良貸款比率

銀行只要不亂來,利潤一定會有的,只是賺多賺少的問題。真正的風險在於,由於放貸過於激進,又疊加經濟週期轉衰,銀行壞帳可能大量爆發,淨利潤大幅下降甚至虧損。市場對銀行股最大的擔心,就是壞帳到底有多少?撥補是否充足?

客戶無法償還債務,是銀行要面對的信貸風險。要衡量銀行財政狀況是否健康,不良貸款比率也是重要的指標。這個指標對備受壞帳問題困擾的內銀來說,尤為重要。如果銀行股股價持續受壓,其中一個原因是市場憂慮銀行的壞帳風險。

2 資本充足比率

在全球經歷了多次金融危機之後,監管機構對銀行的監管更趨嚴格。銀行須要滿足當局定下的資本要求。資本充足比率正是3項風險加權資本比率的統稱,即根據《巴塞爾協定三》訂明的 a 普通股權一級資本比率; b 一級資本比率;以及 c 總資本比率。

《巴塞爾協定三》的細則及如何計算出資本充足比率，作為普通的投資者，你可以暫時不知；但最少，你一定要知道，資本充足率愈高，反映銀行愈穩健，抵禦資金風險的能力愈高。

有一個時期，香港數間銀行為了提高其資本充足比率，向股東們採取了供股集資。另外，資本充足比率也會對派息政策有影響，比率越高，派息空間越大。根據國際標準，資本充足比率至少8％才算合格。香港銀行的資本充足比率一般都超過12％。

3 成本與收入比率

上市公司理論上需要向股東交代，相比非上市的私人公司，上市公司更加注重成本及收入這兩大環節，尤其是銀行股，故在銀行的業績報告中，大都會列出成本與收入比率。成本與收入比率（或稱「成本效益比率」，Efficiency ratio）就是計算銀行的營業費用佔總收入的百分比。

投資者不妨留意那些成本比率較高的銀行股，因為它們可減省成本的空間較大。當盈利及前景不俗時，焦點大都會放在收入上，但當盈利前景欠佳時，焦點便則會放在成本控制上，正如開源節流，不能開拓到新的收入來源時，便唯有向成本控制方面著手。

這是衡量管理層能否有效地控製成本的一個比率，一般來說，比率越低越好。假設銀行A去年的成本收入比率為51.9％；而銀行

B的成本收入比率為66.9％。銀行A的經營效率明顯優於銀行B。要留意的是，這個指標純粹是針對經營效率，因此計算時並不包括任何壞賬損失。

4　淨息差

淨息差的高低，直接反映銀行存貸生意的表現，淨息差愈高，反映銀行「利錢」愈高。普通的投資者，經常地會將淨利息收益率與淨息差搞錯，事實上兩者在計算方法與用途上存有不少差異。相對於淨息差只計算生息資產或負債的資金運用效率，淨利息收益率則可把非生息資產的資金運用影響計算在內。

5　淨利息收益率

淨利息收益率是利息淨收入與總生息資產平均餘額的比率，數字愈高，反映銀行獲利能力愈高。淨利息收益率這個指標，比淨息差這個指標更為全面，更能反映銀行在資金管理上的效率。因為淨利息收益率可把非生息資產的資金運用同時計算在內。

非生息資產是指銀行經營過程中不直接帶來利息收入的佔用性資產。主要包括現金及外幣存款、各種應收及暫付款項、固定資產及在建工程、遞延資產及無形資產，以及不能給銀行帶來利息收入的呆滯、呆帳貸款等。

6 股本回報率

由於銀行擁有絕大部份是有形資產,因此股本回報率會能反映銀行的真實賺錢能力;相反,一些擁有無形資產較多的公司,其股東回報率有時候會被高估,原因是當無形資產不計算在資產上,股本回報率亦會因此而提升。這是衡量管理層對運用股東資金是否優越的一個比率。一般而言,比率越高越好。

7 市賬率(PB)

事實上,不同行業有不同要注意的地方,以銀行股為例,分析其業績,便並非單純看表面的盈利增長。評估銀行估值是平或貴而論,除了像一般股份一樣看其市盈率外,業界人士都喜歡留意其市賬率(PB)。

主要的原因是,銀行帳目中的資產或負債,大部份是「Cash」,而這些資產及負債,在會計角度上以歷史成本入帳,理應與現值非常接近,很少像地產企業般,受客觀環境改變(如樓價、利率、地價)而需要為其資產定期重新估值。

銀行股選股財務指標檢閱表

你可能會說,這麼多指標,怎樣一一計出來?其實普遍銀行都會在其財務報告內的附註或管理層討論及分析中披露這些數值。即使是不良貸款率這些普通人計也計不出來的數字,從媒體有關方面的報道,及各大銀行年報都會公開。從年報找數據最真實,但也最耗時。製作以下的表格,集齊數據,選出最理想的銀行股吧。

分析銀行股財務比率指標

本地銀行股

股票代號	股票名稱	淨利息收益率 (%)	淨息差 (%)	成本效益比率 (%)	貸款減值提撥佔貸款總額百分比 (%)	貸款減值準備佔貸款總額百分比 (%)	一級資本比率 (%)	股本回報率 (%)	市賬率 (倍)

內地銀行股

股票代號	股票名稱	淨利息收益率 (%)	淨息差 (%)	成本效益比率 (%)	貸款減值提撥佔貸款總額百分比 (%)	貸款減值準備佔貸款總額百分比 (%)	一級資本比率 (%)	股本回報率 (%)	市賬率 (倍)

怎樣選擇
保險股

在日常裡，去旅行會有人買旅遊保險；開車的要買汽車保險；
家居保險和人壽保險等，更加不會是一件陌生的產品。購買保
險時，你都可能會比較一下格下價，所以買保險股時更加不會
例外。不過，保險不是一般的消費產品，一買一賣，計計貨品毛
利就算；保險公司向顧客出售保單（policy）收取保費（premium
fees），然後再在特定的條件下向受保人作出賠償，接著將現金
投資於股票、債券、房地產等，從中獲得回報。因為行業性質的
特別，其財務報表也相對獨特，所以分析保險股卻並不那麼簡
單。我們就在這章節為大家慢慢讀解。

真的！即使你不買保險但也要買保險股！

在教大家分析保險股的財務報表特色和個別關鍵財務比率之前，先簡單拆解，很多人也可能不知道的，保險公司賺錢之謎。其實，如果你心水夠清，又或者你有家人做保險經紀，便會發現保險公司其實食水很深。

平時，你可能會很怕那些死纏爛打的保險經紀。不過，即使那些搏曬命去搶單，保險公司用最多錢請的，仍然不是保險經紀；而是精算師，他們透過精算師設計了一系列數學模型，然後選擇對保險公司最有利的，再包裝成一份保險產品，向大眾推銷。

當大家已了解一般的保險經紀薪酬結構時，你或多或少應該可以想像到，究竟保險公司為甚麼這麼賺錢了。賠償，就是保險公司的日常。保險公司這麼賺錢，不是因為買了保險的人，死得少，又或者病得少；而是全靠那些精算師攪盡腦汁得出來的數學模型威力。

保險公司除了在培訓保險經紀時，給予少許的車馬費外，九成九的情況下，保險經紀是完全沒有固定工資收入的。曾聽過有朋友的家人，剛剛晉身保險業，頭幾個月公司發了點補助，到他揸不住要離職時，其公司卻要追討回之前發的補助金，說那只是公司的借貸，要還的。

簡單地說，其實保險公司不用付出任何工資，卻有一班人替他們賺錢；試問除保險公司外，有甚麼公司是不用付工資，卻有人替其打工的員工呢？奇怪在，雖然沒有人工；但這個行業卻永遠缺人。

許多人找自己的家人開單後，就沒有辦法開到新單了；但總會有少數人能跑到數。當你打開報章，卻經常發現那些保險公司開甚麼圓桌大會，百萬元圓桌會，公開表揚鼓勵那些保險經紀；而他們亦穿著豪華晚禮服，戴上名錶鑽戒，登上舞臺接受嘉許。

這些所謂百萬圓桌會，代表那名保險經紀在過去1年賺得100萬元（佣金），即意味著該保險經紀已替保險公司收到過百萬的保費。沒錯，你保單頭幾年的保費，其實大部份落到保險經紀的袋。所以，頭幾年你斷保，會罰得好重。

我們絕少聽到保險公司破產，即使有保險公司做得差，也會有其他保險公司買起它的業務。10年前，美國有大型保險公司面臨破產，美國政府也要出手相救。所以，便有人說笑：保險可以不買，卻不可以不買保險股。

單憑不用出底薪就認為保險股穩賺不賠就太兒戲了。投資前，大家最好特別注意接下來要介紹的財務報表關鍵數字，及一些保險公司相對特有的財務比率和分析流程。

保險股你要留意的特有財務比率

費用比率

費用比率(Expense Ratio)：保險公司一般的經常性開支大概有體檢費、初佣、續佣、理賠訴訟費用、經常性費用(如薪資、招攬作業成本、獎勵旅遊)等等。如果成本愈低，意味保險公司可以用更低的價格吸引更多的客戶，同時不會損害利潤率。計算方法是承保開支(Underwriting Expense)除以非壽險的淨已賺保費(Net Earned Premium)。鑑於業的競爭性，保險業控制成本十分困難。

賠付比率

賠付比率(Loss Ratio)：賠付率是指保險公司的賠款支出與保費收入的百分比，其計算方法是賠付支出(Net Claims Expense)除以非壽險的淨已賺保費。付是保險公司的主要費用，而且是業務中不可避免的。

不過，也不是超低的賠付率就越好。賠付率過低，那麼就是壽險的費率過高或者是條款過於苛刻。如果保險公司的壽險賠付率過低，那麼就會面臨著消費者退保、保險公司誠信危機等問題。

基本上，保險這一個行業，是一種概率和定價的遊戲，審慎的定價與所承擔風險相符，才可實現長期的盈利目標。如果一間保險公司一直維持著一個高賠付比率，即意味著這間保險公司太便宜地出售保險產品。

保險和其他貨品不同，不能單單靠廉價作速銷，因為如果只為求營業額，以不合理的價格承擔過高的風險，最後的結果，往往造成公司龐大的損失。不過，行業的歷史上也不乏欠缺紀律的承保例子。

綜合成本比率

綜合成本比率(Combined Operating Ratio)：綜合成本率作為衡量財險公司承保端盈利能力的關鍵指標，由賠付率和費用率構成，即衡量公司承保業務中已賺保費扣除賠付支出(賠付率)和費用支出(費用率)後的利潤情況。

低於100％的綜合成本比率，意味著在未計入客戶保費的投資收益前，保險公司已能夠錄得承保利潤(Underwriting Profit)；若然綜合成本率達到100％，就意味著這家財險公司的承保利潤率走向虧損的邊緣；最後，如果超過100％的綜合成本比率，代表保險公司出現承保損失，並意味著保險公司需要依賴投資收益來作補貼。

最低資本要求

保險公司在營運的某些方面，其實和銀行很相似，必須保留一定的資本作為緩衝超過預期的損失。因為保險不是一般的商品，始於和穩定民生有關，所以要確保萬一保險公司出現嚴重的意外損失，仍能夠繼續經營和履行保單賠付的責任。

至於最低資本金的計算，由監管機構設定，通常預計保險公司將保持超過此數額的資本。跟銀行一樣，如果保險的業務發展過快，也會面臨補充資本金的需求，也就是再融資需求。不過，如果長期沒有再融資需求，也別太開心，這說明該公司業務發展過慢。

充足率

保險公司財政實力和穩健性要看償付能力充足率（簡稱充足率）。關於充足率的計算方法很簡單，就是保險公司的實際可用資本總額除以監管機構最低資本要求的比率。所謂實際可用資本總額，就是保險公司認可資產與認可負債的差額。香港有保險公司的充足率甚至高達400％，這個樣的數字說明該保險公司的雄厚財務實力。

保險是一紙合約，是在風和日麗時你要不斷付出，換回在狂風暴雨時有人能為你遮風擋雨的承諾。一般來說，保險公司應確保自己的充足率不低於150％，即是實際資本是監管機構最低資本要求的1.5倍。

分析保險股 首看內涵值

中國古代的鏢局，其實已經有部分保險的雛形；而現代保險的起源，就產生於意大利。當時的航海業逐漸發達，因為當時沒有天氣預報也沒有GPS，航海面臨巨大的風險。在此基礎上，保險公司誕生了。

最初，保險賺的是概率的錢，即保險的收入大於發生理賠的資金概率，即可產生收入。後來，保險公司慢慢發現，發出去的保單，並不一定明天就要理賠，理賠事件可能是幾個月後甚至幾年後，那麼保險公司先收來的這部分保單的錢，就可以做其他的投資。

在以往，保險行業通常會被看成資產管理業，股市的放大器，利差佔保險公司利潤的絕大比例。後來保險公司都相繼轉型，大力發展期繳、保障類產品成為各公司的共識。以前的研究員，主要看保費收入並不看保費結構，只看淨利潤並不看利源，只看規模不看質量。

如果換成盈利、價值和償付能力的角度去思考，從保險公司的定價和評估著手，就會清晰許多。如果是發展高價值率的產品，可以增加公司資本，可以提升內含價值，可以提高償付率，增加盈利。即使一家公司的保費再大，資產規模上2萬億，但是如果EV不高，償付能力不行，盈利較差也並不是家好的保險公司。

投資者亦應拆解內涵價值的增長成分

假設有兩隻保險股，分別是保險股A和保險股B。在某一年，保險股A，涵值增長雖理想，不過，其大部分的增長，均來自「投資回報的差異」，來自核心營運增長的貢獻（即保單的銷售）只有13％的增長。相對來說，保險股B在核心營運等相關收益則大升30％，初步評估，保險股B應該略勝一籌。

由於新業務價值可反映保險公司能否維持其增長動力。保險股B內涵值增長有較大比重來自新業務價值，反觀保險股A則主要依靠投資相關項目，相比之下，保險股A在同一年的核心業務表現，會令到很多分析員失望。

保險股價對內涵價值比率(P/EV)

內涵值價(亦有人叫內含值)是研究保險股的重要數據,若內涵價值按年遞增,且增幅明顯增加,可反映該保險股的業務擴展的速度理想。內涵價值增長強勁,雖可代表公司的價值不斷提升,盈利能力有所改善,然而卻未必代表其股價合理。在市場預期保險股的投資價值逐步提高的情況下,其股價有機會被炒至不合理水平。由於內涵價值(Embedded Value,EV)為衡量以長期壽險及年金為主要業務的保險股價值及盈利能力的主要指標,故每股股價除以內涵價值(Price/EV)則為衡量保險股估值的重要指標。

講到尾,究竟P/EV多少倍才算合理?其實這方面的比較,有點似PE的比較,某程度上又要看當時市場對保險股前景的看法,而且也宜與相同地區、業務比重近似的的同業作全面比較。總之,P/EV愈高,代表保險股估值貴,市場普遍認同內險股在高增長階段,P/EV於3倍左右為合理,非高增長則以P/EV低於2倍為合理。

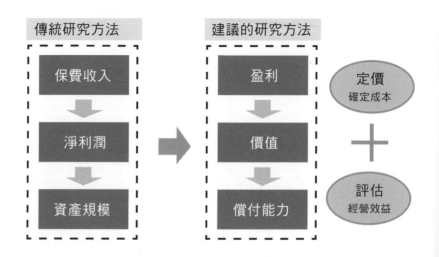

Step by Step教你計算出保險股內涵價值比率(P/EV)

保險股的內涵價值(內含值),不是一般人,可以隨隨便便就計出來。不過,保險股的內涵價值比率(P/EV),就可以從進一步了解保險公司的財務報表,找到其內涵價值(內含值),輕易地計出來。現在就Step by Step教你:

Step 1

到披露易網站(http://www.hkexnews.hk),輸入要你查的保險股號碼,然後再選取財務報表及財務年度,便可以輕易下載到上司公司的財務報表,所有上市公司都查得到,而且是完全免費的。

Step 2

打開Download下來的財務報表PDF File,用其搜查功能,輸入內涵價值、內含值、內含等等字眼,你便會找到和搜尋字眼相關的資料。

Step 3

從財務報表找到每股內涵價值後,套用公式,用當天或昨天收市價計算出股價對每股內涵價值:P/EV=股價÷每股內涵價值=78.7÷26.7=2.94倍

內含價值與營運利潤分析

- 截至2017年12月31日,本公司內含價值總額為8,251.73億元,集團回報率26.7%。

- 2017年壽險及健康險業務一年新業務價值為673.57億元,同比增長32.6%。

- 2017年,本公司實現歸屬於母公司股東的營運利潤947.08億元,同比增長18.9%。

關於內含價值與營運利潤分析披露的獨立精算師審閱意見報告
致中國平安保險(集團)股份有限公司

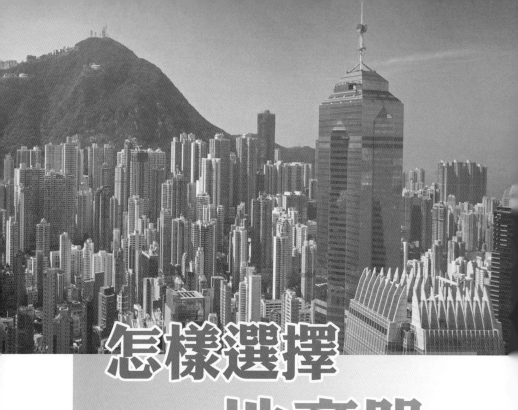

怎樣選擇 地產股

投資地產股屬於頗為波動的股份,風險比較高。不過,地產股中,也有一些以收租為主的公司,息率也有3、4%,這類股份波動較其他地產股低。如果美國的大方向始終朝向加息,投資地產股採取一個中線或短線或許會較合適。買樓收租,還要支付管理費、差餉,維修及其他稅項,所以實際租金回報,未必有你想像中來得高。如只是著眼於收息,不看重樓價的升幅,其實買地產股,收到的股息隨時都高於買樓收租的租金回報率。至於,選擇地產股時又要看那些數據?這章節就教你。

專家提提你！小心內房股地雷
一舖清你袋！

其實地產股也有多不同的類別，最基本可以分為本地地產股，和內房股。香港地產樓價研究會會長鄧士光先生指出：「業務以香港為主的地產股，相對地穩陣好多；而內地房地產有些危險。因為香港的地產發展商，公司有好多資產，而且業務也並非單靠賣樓一項來賺錢。內地好多地產發展商單靠買賣地產，所以賣不到樓的話，股價就隨時插水；香港的情況則不同，就算賣不到樓，都頂得住。」

香港地產商除了不會一賣不到樓，就要面對現金流斷裂之外；在負債方面，水平也不高。講到這裡，大家第一個問題可能是：為什麼內房股的負債水平那麼高呢？鄧士光解釋，因為國內不允許囤積土地，樓一起好便要趕著去賣，所以國內房地產商差不多等於建築公司，其經營模式好辛苦，而且風險非常大。

在不能等待最好時機，低買高賣時，內地好多地產發展商唯有靠借貸，把1蚊借貸造成5蚊，這盤生意如果拿不到高槓桿，就拿不到好業績。如果國內樓市真的有下行風險，對於地方經濟和內房股價的衝擊可以很大。所以，如果你跟市唔貼，又是長線投資，宜選本地地產股。

5招專家常用的地產股分析

1 淨資產值(Net Asset Value, NAV)估算方法

淨資產值NAV，一直被業界視為衡量地產股價值的重要指標。這種方法歷史最悠久，也最廣為接受。把所有的發展項目按合理的銷售價格、建築成本和稅收做一個估算。然後把未來的現金收入用一個貼現率折回到今天，減掉淨債務，算出來一個總數。這個數就是公司的淨資產值。

地產股不能以市盈率(PE)這個比率定平貴

地產股的資產，主要是發展中的物業或投資物業的固定資產，而有關資產價值是會受市況影響而升跌。最經典的例子，就在十多年前，SARS肆虐香港期間，樓價大跌，在火燒連環船的情況下，地產股的資產亦嚴重插水。相反，在近幾年樓市興旺時，樓價大升，地產股的資產亦相繼升值。

大家如果明白PE的計算方法，其實是涉及「營業收入」，一些「發展中的物業」，因仍未賣出，所以便不可視為「營業收入」，但若樓市轉好，手中的「發展中的物業」定必升值，公司亦因而升價十倍。樓市不好，土地儲備價值也大跌；若未來樓市突然轉好，但卻來不及增加土儲，那公司未來發展也是有限，唯有貴買地，貴賣樓，但毛利可能不及早前樓價平時已有大量土儲的地產公司。NAV估值法的優勢在於它為企業價值設定了一個估值底線，相對於簡單的市盈率比較更加精確。

因為地產這個行業的獨特性，所以單靠PE這個指標，不能真正反映其公司的整體狀況。大行研究地產股估值時，一定會參考資產淨值折讓（NAV Discount）幅度。每股資產淨值即是總資產減去總負債，再除以總股數，若股價低於每股NAV，便為折讓，高於NAV，則是溢價。一般而言，NAV折讓愈大，即投資者較低的價格買入較高價的資產，「值博率」便愈高，反之亦然。

對於普通投資者，多數人都無精力詳細核算房地產公司的每個項目並計算NAV值，不過可以留意專業研究機構的計算結果或者相關的財經報導。不過，即使對同一間公司，各大行的計算結果，可能並不一致，背後原因，其實是因為計算NAV時，各大行對資產及負債的定義及評估不盡相同。至於根據多少折扣來最終確定合理價位，則根據對具體公司基本面的判斷為準。

2 看土儲及落成量如何影響股價變動

其實所有指標都會有缺點，所以用NAV估值也不會例外。因為NAV估值度量，只是企業當前有形資產的價值，而不考慮品牌、管理能力和經營模式的差異，即只以當前資產規模來確定公司價值，而沒有考慮企業能力貢獻。結果，NAV估值的盛行，卻推動了地產企業對資產（土地儲備）的過分崇拜。

可供開發的土地儲備是地產商未來的盈利來源，可確保將來有土地發展項目。發展商可透過政府拍賣用地、更改土地用途以及收購私人業權地皮，以增加土儲。一旦發展商在土儲未見增加的同時，卻大量推出新盤，勢影響未來的推盤數量。

另一方面，有些地產股雖然持有大量土地儲備，但其中可能以農地為主，當中亦沒有甚麼優質靚地，短期又沒有樓盤推出，基金經理及機構投資者等大戶們，自然會為其NAV「打個折扣」，當然不會以高於NAV水平吸納，但不排除會以略高於NAV水平轉讓給你！

所以，當地產股的股價與NAV呈折讓或溢價時，便不要忘記想一想該地產股究竟持有甚麼資產物業及土地儲備。對於大多數大市值的地產發展商而言，NAV應該因潛在的土地儲備增值而相比公佈的賬面值為高。

3 利用市賬率執平貨

如果一家公司，平時賺不到很多錢，但公司擁有很多值錢的東西，如現金、房地產、靚地皮等等，這些資產加加埋埋，遠超過它的賣價，你有錢的話會否心動？這個比較方法，就是市賬率著眼地方。之前的篇幅有詳述市賬率的應用，所以在這裡不重覆多提了。

4 看資金充裕度測息口去向

如果港元與美元處弱勢，減低外資投資本港市場的成本，物業成為其中一個資金出路。銀行在市場資金充裕的情況下水浸，令低息環境得以維持。分析認為，M1增長速度高於M2，可反映大量資金流入本港。不過，一旦游資撤離本港，亦會衝擊本港樓市，從而拖累地產股。

5 參考租金走勢

不論樓價高低，總有投資者買樓收租。而在決定一項置業投資是否划算時，少不免要計算投資回報，而計算回報率的方法亦有多種。最簡單的是「租金回報率」，所以到差餉物業估價署的網站翻查租金資料，可能會給你一點啟示。

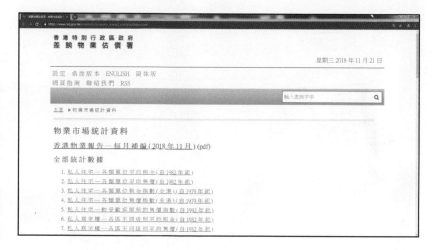

差餉物業估價署網站：

https://www.rvd.gov.hk/mobile/tc/property_market_
statistics/index.html

筆記欄

筆記欄

一萬現金流
衍生100萬

一萬現金流 衍生100萬
教你掌握錢的呼吸節奏

錢在不同時間段所表現出的價值是不一樣的，如果考慮到錢的不同存在形式：現金或各類資產，這種差異會更大。正現金流是投資的重要健康指標，如同人的呼吸，即使身體再好，如果 10 分鐘沒有呼吸也會窒息而亡。一個房地產大亨雖有億萬不動產，也會由於暫時現金流枯竭而轟然倒地。所以，它的原始定義很重要。但是，單單片面地強調現金流，容易造成誤解。因為，它本來就不是一個盈利指標，不能回答值得不值得的問題。不過，作為投資者的你要記住，其實，現金也應該撥入你整個投資組合的一部份。如果你本錢少，就更只要花95％時間想策略、找產業並耐心等待，花5％時間當機立斷買或賣。

有時候讓錢休息
是為了讓它發揮更大的威力

何謂「深呼吸」，用個學術點的定義就是胸腹式的聯合呼吸，消耗體能不多，但這個簡單的動作可以牽動上百塊肌肉工作。把這個概念引申到錢上，則意味著消費保守、投資靜態，減輕資產負債表壓力，讓錢休養生息，希望在未來大趨勢來臨時將錢的更大威力發揮出來。

為了更好的明晰這個概念，首先要澄清兩個認識誤區。一是認為「養錢」就是把錢存在銀行賬戶裡，這顯然是錯誤的，「養錢」是一個動態的過程，正如人在行走過程中也會自然呼吸一樣，你也必須要保持錢的流動性和增值能力。用一小部分資金定投基金或精挑個股，都屬於「養錢」的內容。這區別於把大筆的錢投入到固定資產上或進行投機炒作。

二是把錢的「深呼吸」等同於非常保守的理財策略，這也是一種誤導。在投資理財中，保守的含義是賺取穩定的低收益，盡可能的規避風險。而讓錢「深呼吸」則是以退為進，靜候大趨勢然後放手一搏。會游泳的人都知道，如果一直在游泳池裡游泳的話，均勻的呼吸換氣就能游到對岸，可在驚濤駭浪的大海裡，你就需要更好的水性，包括長時間的屏氣以繞過暗流險礁。不幸的是，我們投資理財所面對的資本市場，絕不會是平靜的游泳池，簡單的長期持有、資產配置是不可能達到財務自由彼岸的。即使是最穩健的定期定投也不夠，讓錢做好深呼吸並控制投資的節奏是必要的。

舉一個更貼近現實的例子，假如你在2010年開始工作，到現在一直實行一種僵化的資產配置策略：收入除去消費後的錢，有三分之一儲蓄，三分之一做穩健投資（比如定投資基金），再用三分之一做高風險投資，那麼正常的工薪收入會讓你到現在仍無力購房，即使購房也要承擔大量負債。

但假如你早一點兒利用高負債杠桿買房，那現在的資產負債表一定好看得多，看似標準的理財法則卻不如有些冒險的舉動有更好效果，這是因為你的投資節奏與貨幣價值波動周期不合拍，沒有把握住經濟高速增長，貨幣隱性貶值而又沒出現通脹的大趨勢。當然，未來十年就會是截然相反的局面了。

理財是為了讓錢生錢，會休息的人才能更好地工作，錢也一樣，不能讓錢太疲憊，也不能讓錢日復一日機械地工作，這樣會降低效率。讓錢學會「深呼吸」是對理財更高層次的要求，但卻是取得成功的必備條件。

「養錢」是為了抓住趨勢

對於一般投資者來說，很難用技術分析手段通過短線操作賺錢，也無法通過「做功課」來找到真正有價值的成長股，把握趨勢、盡早布局資產是最簡單最安全的策略。當然，這種策略的難度在於對趨勢的準確判斷，以及在趨勢到來時你是否有充足的「彈藥」和勇氣抓住它。

養錢的呼吸法則
教你什麼時候防守什麼時候進攻

投資者不能改變宏觀經濟和股票市場的起起落落，但可以通過調整自己的選股策略，順應不同的經濟和市場狀況。事實上，股票市場為投資者提供了豐富的、具有不同特徵的股票選擇，了解這些股票的「性格」和打法可以讓投資者應對自如，知道在什麼時候該把錢投到什麼地方。有一種分類方法認為，經濟周期原則可以給所有股票分為三大類：１ 股價與經濟周期相關性高；２ 股價與經濟周期相關性基本一致和 ３ 股價與經濟周期無關三類。第一種周期性的公司和第三種非周期性的公司可以形成替代效應，強周期和高成長是股票投資獲利的兩大法寶；而經濟繁榮並不能帶動其股價有亮麗表現，而經濟減速或衰退也不會對其股價帶來威脅的公司則是資產配置裡的穩定基因。

呼吸法則 VS 周期性

典型的周期性行業包括：鋼鐵、有色金屬、化工等基礎大宗原材料、水泥等建築材料、工程機械、機床、重型卡車、裝備製造等資本性商品。一些非必需的消費品行業，也具有鮮明的周期特徵，如轎車、高檔白酒、高檔服裝、奢侈品、以及航空、酒店等旅遊業，金融服務業（保險除外）由於與工商業和居民消費密切相關，也有顯著的周期特徵。

當經濟高增長時，市場對這些行業的產品需求也高漲，業績改善會非常明顯，這些行業的公司股票就會受到投資者的追捧，而當景氣低迷時，各行各業都不再擴大生產，對其產品的需求及業績和股價就會迅速回落。這就是專業投資者存在的意義，判斷經濟周期運行到哪一階段並具體分析上述行業的受影響程度如何。

不幸的是，絕大多數行業和公司都難以擺脫宏觀經濟冷暖的影響；幸運的是，我們可以根據周期運行選擇進行哪一類的投資。雖然作為新興市場，中國經濟預計還要經歷20年的工業化進程，在此期間經濟高增長是主要特徵，出現嚴重經濟衰退或蕭條的可能性很低，但周期性特徵還是存在。中國的經濟周期更多表現為GDP增速的加快和放緩，如GDP增速達到12％以上可以視為景氣高漲期，GDP增速跌落到8％以下則為景氣低迷，期間多數行業都會感到經營壓力。上述這些周期型行業佔據股票市場的主體，其業績和股價因經濟周期更迭而起落。雖然預測經濟什麼時候達到頂峰和谷底如同預測下一場戀愛會在什麼時間地點發生和結束一樣困難，但大致的方向把握有利於開展投資的節奏。

投資者需要注意的是，當貨幣政策(通常是利率變化)剛開始發生變化時，通常市場上並不能看見效果。周期型股票還會維持一段之前的態勢。遇上這個形勢，「屏氣」，可以開始考慮轉變投資策略。還有市盈率，這是個極具誤導作用的指標：低市盈率不代表其有投資價值，相反，高市盈率也不一定是高估，因為要配合行業周期的長短；由於對利潤波動不敏感，相對於市盈率，市淨率可以更好地反映業績波動明顯的周期型股票的投資價值，尤其對於那些資本密集型的重工行業。

屏氣只是靜態 不是「不投」

強周期、經濟復甦時用進攻策略，周期輪換時選擇「屏氣」以待，弱周期、缺乏機會時購入成長型公司，這就是最基本的「金錢深呼吸法則」運用。

因為經濟周期和市場周期的交互作用，不同行業的股票表現各異。在經濟由低谷剛剛開始復甦時，石化、建築施工、水泥、造紙等基礎行業會最先受益，股價表現也會提前啟動；隨後的復甦增長階段，機械設備、周期性電子產品等資本性商品和零部件行業表現最好；在經濟景氣的最高峰，商業一片繁榮，這時的主角就是非必需的消費品，如轎車、高級服裝、百貨、消費電子產品和旅遊等行業。每一輪經濟周期裡，配置不同階段受
益最多的行業股票才可能讓投資回報最大化。然後，在周期性波動和行業表現之餘，才能精細到具體的上市公司。哪家公司的資產負債表更強健構誰的現金流更充裕構誰的主營業務貢獻更平穩構這一切都將決定股票的走勢。此時，配置一定的商品、債券和其他結構性產品，保有確定的收益就更顯重要。

防守時專注成長

經濟周期陷於低谷，股票市場持續下跌或因前景不明、大幅震盪時，投資者用來規避風險的品種，或是為投資尋找避風港、或是伺機布局等待機會。

典型的防守型行業是公用事業，如供水、供電、供熱等行業，但如果你睇好成長中的中國，中國電力80％需求以上來自於工商企業，因此電力行業的表現也會受到經濟周期的影響；另一類防守型行業是食品、日用消費品等居民生活必需消費的商品和服務，比如不論經濟冷暖，生活必需品都要消費。此外，醫藥行業也具有防守特徵，生病就要吃藥，人們不會因為GDP增速下降了2％而不感冒。

由於防守型股票數量相對較少，在經濟和股市低迷階段，它們成為投資者避險的地方，估值上升，買價並不便宜，市場復甦後漲幅也有限：因沒有大跌，自然沒有補漲。簡單來說，防守型是那種不會偏離價值很遠的投資品。

偶爾令人激動的是，一些防守型行業的公司股票也可以提供成長型股票的回報，這類公司通過持續不斷地合併收購或擴大產能實現長時間的業績增長；或者是被冠以另一個名號：成長型股票，他們即便在熊市中也能年復一年創造業績和股價的成長，當市場環境轉好時，又會追隨大勢而表現突出。這也就是「結構性機會」常在的原因。

所謂「成長」，是因為公司找到了需求不斷擴大的新產品或業務，競爭對手相對較少，而需求隨著產品和服務的不斷成熟而逐漸爆發，因此成長型企業多出現在新的經濟模式中，容易被冠上時下最流行的概念，如：環保、低碳、高科……此外，傳統行業的新業務模式、新市場份額也可能帶來成長的機會。

有一個現象叫板塊輪動

股票投資原理說起來很簡單，但只是看上去很美。拿強烈的周期性投資來說，有一個現象叫板塊輪動，步步踩準基本只是神話，更多人留在了「步步接棒」的陣營裡；屏氣等待時，有可能因時間過短或是過長而被「誘空」和「誘多」性機會吸引，提前釋放能量；保守性佈局，更可能因為看不懂新模式、新業務而難做出正確的投資判斷或是承受過多的不確定性風險。

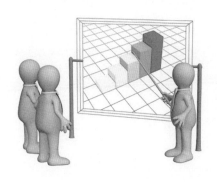

我們總是強調，買入並一直持有不是有效的投資策略，更不是「長期投資」的方法。股票投資理性回報總是與系統風險相對，我們提倡的、能做的，只是尋找到避免自身的干擾產生過多人為的「非系統性風險」的方法。

什麼時候重新開始進攻

人們要實現財務自由的目標，通常需要邁過三道關。第一道關是控制自己的欲望，不能過度的消費；第二道關是學會合理的資產配置；第三道關是把握好投資的節奏。只有領悟了錢的「深呼吸」法則，學會「養錢」，並及時捕捉到大趨勢，才能衝破這第三道關。錢的「深呼吸」過程可以比喻為游擊戰，其特點是：保持資產的機動靈活，尋找個別的機會小範圍出擊，然後逐漸地積蓄力量，再展開大規模的全面進攻。那麼，該什麼時候開始全面進攻呢？也就是說，怎樣判斷真正的趨勢來臨呢？我相信很多人關心這個問題，因為目前市場就處於一種混沌的狀態，那我們就看看真正趨勢來臨有哪些信號吧。

對當前市場造成壓力的因素，有房地產泡沫何時破裂、通脹來臨以及隨之而來的緊縮貨幣政策、地方政府債務的擴大、銀行壞賬的增加、老百姓的消費能力萎縮、美聯儲通過加息退出量化寬鬆的貨幣政策，等等。這些因素當然不會同時發生作用，而且對市場的壓力有大有小，可如果資產價格繼續膨脹的話，每一條因素都可能成為壓垮駱駝的最後一根稻草。

所以真正趨勢來臨的信號就是這些困擾香港和中國經濟的因素得到解除，至少有轉好的跡象。

比如：房產價格出現大幅的調整，擠出了泡沫並且成交量開始放大；政府通過緊縮的貨幣政策控制住了通脹或通脹預期又沒對經濟造成很大傷害；地方政府找到了新的稅源，並且沒有對民間投資產生很大的抑制（像物業稅）；銀行壞賬沒有大量增加並嚴守住了資本充足率紅線；各階層老百姓的收入得到了實質的提高；美聯儲成功地退出了量化寬鬆貨幣政策，銀行積累的資金有序釋放，又沒有觸發惡性通脹……

上述這些信號的出現肯定有先有後，總言之，如果現金少到只得一萬元，就最好不要隨便「瞓身」，養下錢。當資產價格泡沫嚴重膨脹、政策方向不明朗、經濟結構面臨較劇烈轉型時，都應該讓錢休養生息，控制風險，靜觀趨勢的走向。在明顯趨勢沒有到來前是「養錢」的最佳時期，現在即是這個階段。

聰明記帳
幫自己加薪

只要你答不出下述任何一個問題，請務必讀完這篇文章。

你每個月花多少錢？

你的錢都花到哪裡？

你未來3年想存下多少錢？

知道嗎？如果你什麼都不做，在物價飛漲下，從現在起，你家每年消費支出將增加$6000-7000以上，平均每個月要多支出$500-700元！這筆錢，若拿去定期定額投資，三十年後，會變成一筆可觀的財富。

若你還感覺不出嚴重性，請再看一個數字：以每年3％的通貨膨脹率估計，你現在每月花的一萬元，三十年後，你得要有二萬四千元，才能享有一樣的一萬元生活水準！

錢，變薄的速度超乎我們的想像。

更何況，投資大師吉姆‧羅傑斯（Jim Rogers）還預言，農產品原物料還有十五年大多頭行情。因此全球物價上漲，香港物資又高度依賴進口，此一趨勢絕非短期。

「一本帳」讓你成為財富磁鐵
吸引到收入遠大於支出的現金流

這個時候，有沒有一種簡單又神奇的方法，讓你成為財富磁鐵？
答案是：有的！只要你開始「想」，宇宙中相關的資源就會朝你
聚集；而你的財富吸引力，也將從「一本帳」開始。

一本帳，其實是白話文；有學問點，它叫做「現金流」，記錄你
的收入、支出，現金如何流入、流出你的口袋。

想像你的財富，是一個儲水桶。「收入」，從上方的入水口匯
入；「支出」，就像下頭的數十個水龍頭，每月支付食衣住行等
花費。只要上方流入的現金，多於下方的支出，你的財富就增
加。若下方的水龍頭一直漏水（現金流出），遠大於現金流入，你
的儲水桶永遠都是空的。

這本帳，也就是現金流，說明你如何處理金錢的方式。

就像《富爸爸，窮爸爸》書中描述，窮爸爸的現金流呈現的是，
當他的薪水收入增加，支出也隨之增加，因此，他們總是認真地
工作，爭取晉升加薪；加薪之後，再增加消費；然後，再繼續認
真工作，再增加消費……。他們不停地辛苦工作，但收入總與支
出打平，甚至趕不上支出增加的速度，就像老鼠籠裡不停踩著轉
輪的寵物鼠，不停地跑，卻永遠跳不出老鼠籠！

但富爸爸的財務報表卻不同，他除了薪水收入外，還多了一塊資產所產生的收入，例如股利所得、租金收入等，這筆收入不僅可彌補支出，還能創造更多結餘；他總是利用結餘繼續買入房子、股票等資產，產生資產收入。他們懂得用「正」的現金流量，用錢滾錢，創造更多的資產，越來越有錢。

其中的差別，在於富爸爸管得一本好帳，窮爸爸卻不懂這本帳的神奇，因為他不明白現金流的力量，所以，再多的工作、加薪也無法解決問題，也將注定一輩子演出老鼠賽跑的戲碼。

我們先試著找出$2000元，就可以不當老鼠。如果你月薪2萬元，每月省下10％，也就是2000元，一年就省下二萬四千元，也等於一年就多賺超過一個月薪水。這筆錢，如果你定時定額投資基金三十年，以年報酬率10％計算，三十年後就有四百二十萬元！

從小記帳了解收支 墨西哥電信大亨‧洛克斐勒致富秘訣

《Forbes》2008年全球第二名富豪：墨西哥電信大亨卡洛斯‧赫魯（Carlos Slim Helu）家族，財富估計六百億美元。他從小「家學淵源」，就懂得管理自己的「一本帳」。

從小，父親就給赫魯四兄弟一人一本帳簿，要求他們記錄每筆零用錢花費，每週檢查，跟孩子們分析每筆款項的支出和用意。這讓赫魯從小就對於「一本帳」有了基礎概念。

他的小兒子派崔克也回憶，十歲那年，墨西哥經濟大蕭條，他跟兄弟們每晚都坐在客廳，赫魯會拿出一張紙，一邊寫著某家墨西哥保險公司被便宜賣出，價格低於美國保險公司；另外一邊，則寫著同樣是生產糖果和雪茄，為什麼歐洲產品比墨西哥產品還值錢？

赫魯家族的家訓，孩子必須從小瞭解價值與價格、資產與負債，未來才能創造更多財富。至今，赫魯的辦公室還留有當年的帳本。

同樣的，石油大亨洛克斐勒（John D. Rockefeller），全球第一位超過十億美元富翁，該家族至今仍名列美國十大富豪家族，其富有的秘訣也來自一本帳。

從小，洛克斐勒的父親就要求他，每一筆打工賺來的零用錢都必須記帳，月底結算。他上班後，花一毛錢買本紅色小冊子，在上面詳細記下自己每一筆收入和開支，這本帳簿被安放在保險箱中，成為他最珍視之物。

此一家風世代傳承，洛克斐勒的孫子大衛‧洛克斐勒（David Rockefeller）是美國傑出的銀行家，就提到他七歲那年，父親把他叫到房間說：「我打算每週給你三角的零用錢，不過，我有一個小小的要求，請你準備一個小本子，在上面記下每筆錢的用途。」

每週六早餐後，孩子們拿著自己的小帳本，走進父親的辦公室，核對帳目和發放下週零用錢。如同當年老洛克斐勒對待子女一樣，凡是帳目清楚，開支正當或有結餘者，零用錢下次遞增五分；反之，則遞減五分。

看到這裡，你還認為「記帳，是理財的第一步」是陳腔濫調嗎？

我相信，你應該會認同：管理一本帳的習慣，比你當下所擁有的金錢總額更為重要吧。然而，你認真執行了嗎？

逾五成香港人不記帳 四分之一是月光族

香港某大學一項最近的財務調查指出，「只有41.2％的人，有計畫的編列預算，並執行預算。」這個數字代表：逾五成的人，沒有管好自己的帳本。

這份報告並指出，有超過四分之一的人，每個月都將收入花光，無法儲蓄；三分之一的人，僅能存下不到收入的三成！

你，是哪一種人？

把自己的一本帳放在心上，它將如同財富磁鐵般，為你帶來財富。筆者的舅舅，是銀行個人金融經理，就是從十五年前開始記帳，一步步管理、擴大自己的財富。

「那時候，我是中小企業銀行的分行經理，每個月給太太一萬做家庭開銷，但算一算，最後每個月只剩五、六千元！我嚇了一大跳。」透過記帳，他發現，自己的應酬開銷太大，於是，財富吸引力開始發酵：他心中的消費之尺改變了。於是，他能走路，就不坐的士；能吃廿元的麵，就不吃兩百元的餐。

一點一滴的，他找出不斷漏財的水龍頭，把破的修好、不需要的堵住、大的孔變小的孔。慢慢地，他的財務儲水桶越來越豐盈。他每月有了盈餘，有餘錢投資理財。這一切，都是始於那一本帳。當人們誠實面對自己的一本帳後，加以檢討、改進，重新設定目標，富爸爸的循環自然展開。

每個家庭都要記帳！找出花費黑洞，滿足全家人的夢想

筆者亦有一個好朋友，是一個網頁設計師，她也透過記帳，讓家庭年收入平均增加8萬元！

她先生是遙控飛機迷，但她每次跟老公說：「你玩這個花很多錢喔！」先生總是不信。於是，她看在眼裡，記在帳上。到了年底，她攤開整整一年的「娛樂消費帳」：10萬元！

當這個數字出現在老公眼前，財富吸引力開始發揮作用。

「10萬，可以買一部車了。」於是，老公坦承在「興趣類」支出太高，隔年，果然大幅降低支出，從一年花10萬元，變成一年花不到3萬元，整整省了七成，就可以存入退休基金裡。筆者好朋友形容，一本帳，就像家裡的啞巴醫生，如果這個家生病了，帳本醫生會告訴你，要吃什麼藥，甚至是否要動手術。

管理好你的一本帳，還可以給你帶來安全感，讓你無後顧之憂地完成夢想。惠柏企管顧問副總經理賴麗安，就是如此。她給自己設定目標：每工作五年，能有一個出國旅行兩三個月的長假。

這個長假，她透過一本帳的力量，成功達到兩次！

多年前，她還在公關公司工作。她的夢想，就是工作滿十年後，能出國旅行半年。「這個夢要實踐，最大的掙扎，就是旅行回來後的不安全感。」因為，她無法確定流浪半年後，是否能找到理想的工作。

因此，她首先要確保財務獨立。「我跟老公商量，要快速還完房貸。」她不希望旅遊回國後，每月還有龐大房貸支出。

「嚴格記帳後，你會開始了解自己消費的Pattern（模式）。」於是，她把一切花費降到最低，逐漸調高房貸支出比重，最高時曾佔她當月支出的40％。　「帳本管理，其實與你的時間管理息息相關。」她發現，過去為了趕時間，一定要搭計程車，但若能規畫好自己的工作時程與效率，搭巴士、地鐵，其實一點都不難。

從節省交通費到各項費用，8年內，她順利還清一百萬元房貸，還存下四十萬元的旅遊經費，於是，她如願地在14年出國「走透透看世界」，從俄羅斯、希臘、到美洲、非洲⋯⋯。

今年二月，她又完成了人生中的第二次長假旅行！這一次的四個月長假，她準備了六十萬元，中間來來回回，有帶老公、帶媽媽、有跟朋友。旅行，對她來說，只要精確掌握一本帳，就可以消除財務不安全感，一定能走出去。

有錢人更要記帳！
達到家庭、事業、財富三贏的成就

別以為中產階級才需要記帳，有錢人更需要記帳。規模大的話，你不管理，就差很多，而且有錢人的欲望更大！ 現時擁有15個收租物業的楊德興一家，就是例子。剛告別單親爸爸身分的楊德興，娶了新婚妻子、加上隨之誕生的小生命，他感覺責任變重了。於是，他買了更大的房子，也買了許多保險，並開始儲備退休基金。 許久以來，他第一次感到手頭變緊了。「我以前通常不管Cash Flow(現金流量)的。但我一算才發現，我每個月的Disposable Income(收入減掉支出的可支配所得)，居然跟十年前一樣！」當下，他很沮喪。

於是，他展開生平第一次記帳，他與妻子定期一起檢視消費紀錄。「哇塞，真的花不少錢啊！」從動輒數萬元的衣服，到菲傭買菜的錢，都讓他們訝異，怎麼花了這麼多？

「人都是很Loose（鬆散）的，當你不記帳，你永遠不會知道自己還剩多少錢。」現在，楊德興的消費模式全盤改觀了。 最明顯的，他不換車了。過去，他平均每四年換一部車，現在即使老婆大人體貼地詢問他三次要不要換車，他都不為所動。

以前，他是老大，總是同事吃飯，他埋單。「現在啊，我說，要顧自己！」宴客習慣也改變，以前，他開一支數千元的紅酒宴客，現在一支四、五百元的法國波爾多葡萄酒，也喝得盡興。從SOGO超市的日本和牛，到美國牛肉；從每天一杯星巴克，到公司現煮咖啡，他一點一滴地改變消費習慣。

養成習慣，越早越好！
管好帳，就是管好自己的人生

「我也還在學習更好的記帳方式，但不管如何，先做了，再調整。你不做，就沒有了。」楊德興感嘆，「我周遭99％的朋友，沒有記帳的習慣，是因為以前沒人教。如果有記帳、管帳，成就會比現在大！」而且，這件事越早開始越好，因為人越年輕，習慣越容易建立，人一長大，欲望變多，時間便變少！

他說：「管好帳，就是管理你的人生。」透過管帳，一步步了解自己的欲望與資源，在遇到不同的環境時，求取平衡。 當你在帳本上記錄你的第一筆開支，你的財富現金流，就開始啟動了。它，不只啟動你的財富吸引力，甚至可以扭轉你的人生。

筆記欄

炒股安全投資法

借錢投資
不要超入息兩成

相信好多人都收過一些Cold Call電話，叫你借錢，又話利息咁平，借少少去炒股票，一陣就回本云云。其實借錢投資應衡量風險，最重要的是回報能否高於利息支出及各項收費，尤其是在股市大幅波動，借款人應考慮自身的還款能力，而借錢投資不宜超出收入兩成。有大學專才研究過，全港最少有50萬名18至55歲的人，曾向銀行或財務機構借私人貸款。在眾多的貸款人士中，借錢用作投資用途的比例，高達20％，而且比率還在不斷上升。

自從信貸資料庫面世後，銀行的審批風險已大大降低，貸款市場已由穩定入息的客戶，拓展至無固定入息，兼各行業的客戶。我們常說投資是一種「將本求利」的行為，也就是指付出多少成本、取得多少利潤。一般來說，這裡所說的成本等於英文的cost，不是資金的全部，例如以1萬元投資某基金，手續費1.5%為 150元，其中1萬元是投資資金，150元是投資成本，至少需要賺到150元，才算不賠。所以，利率是借貸的主要參考指標，投資回報率須在借貸息率以上，由於屬借貸投資，故風險會較高，可能會出現無法獲利或甚至虧損情況。

按月定額還款有預算

不要忘了你的錢是借來的，你每個月還要償還定額的本息給銀行，所以除非已在每月收入中準備了這筆還款，否則就不能把借來的錢全數投注在投資裡，必須保留部分現金做為初期的還款之用。但若你的入息並非固定，你便應該考慮選擇用循環貸款。借錢投資屬於財務槓桿運用的一種操作實務，本身具有風險。不要忘了，全球會陷入金融風暴危機，就是美國的金融商品財務槓桿操作過了頭所引發，這點千萬要引以為戒。

樓按未清勿過度借貸

現在借錢真的容易了許多，有些銀行更推出一些計劃，專門針對無固定收入的人士，不論從事任何行業，只需提供一個月糧單作入息證明便可，不過貸款額較一般分期貸款為低，而息率亦相對較高。如果你是這類無固定收入的人士，第一件事不要只考慮選擇快而簡單的手續；而是睇睇息率。

另外，不建議有樓按在身的客戶進行借貸，以免借貸過重，承受過高的風險。銀行在審批客戶的借貸申請時，除了看客戶提供的證明文件外，亦會向正面信貸資料庫查閱申請人的信貸情況，以確保申請人不會過度借貸。一般而言，申請人總借貸額的供款不宜超過入息的50至60％。

低息私人貸款可能用高手續費陰你

就算係低息，你都要問清楚，因為私人貸款涉及的收費種類繁多，又有好多奇奇怪怪的收費模式，你要留意收費模式是否清晰。就用逾期還款為例，有行銀行或機構除了會收取總貸款額的某個百分比外，若然你的分期貸款均以自動轉帳形式進行，故除了一般逾期還款費用外，若無法轉帳，個別銀行更會向客戶收取無法轉帳的手續費用，這簡直可以用雪上加霜來形容。

炒賣私有化憧憬
高追有一定風險

曾經睇到一則網上新聞，有關三林環球(3938)大股東以高溢價提出私有化，股份復牌後股價大升80％。在股市一潭死水的時候，不少上市公司大股東意興闌珊，把心一橫趁股價低殘時把公司私有化。私有化消息一公佈，股價例牌會亢奮急升，不過投資者若當中尋寶，隨時要長期押注，機會成本甚高。市場上有關股份私有化的傳聞不絕於耳，若投資者盲目聽從傳聞而追入，風險之高在於有關消息未經證實，只是在炒私有化概念，忽略分析公司的基本因素而進行選股。而買入傳聞私有化的股票有以下風險。

風險 1　追入要付出高風險溢價

如果你係散戶，其實相對地會比較冇咁著數，因為私有化傳聞未於市場廣泛流出前，「圍內人」已偷步入市低吸；當小股民收到風的時候，有關股份早被炒高，若他們選擇高追搏私有化消息屬實的話，需要付出較高的風險溢價，股價潛在的上升空間較少。萬一消息係假，小股民又一定係走得慢，甩唔到貨。真係贏就贏粒糖；輸就輸間廠！

風險 2　落實日子未明有暗湧

不管要等咩，總之等待的日子多數都不好受。作為投資者，「等待」股份落實私有化的日子可能遙遙無期。如果傳聞出現後短期內落實，市場便會質疑私有化的可能性，選擇沽出股份保障利潤，令股價出現回軟，高追的投資者或會「接火棒」。

風險 3　股價因傳聞被否認而大跌

正所謂出得嚟行，預咗要還。如果上市公司官方代表正式否認私有化傳聞，那即表示母公司不會以高價向股東購回股份。這個時候，大部份散戶投資者見無利可圖，便會爭相沽出股份，你想股價唔潛水都幾難。這些例子大有所在，就好似當年新意網（8008），初被傳出私有化時，股價由$1.3急升到$1.8；可惜管理層其後否認此事，股價便急跌打回原形。如果你高追，隨時虧大本！

完全掌握股票私有化買賣策略

要唔盲目高追私有化的消息，首先便要知道什麼是私有化和私有化背後的動機和目的。私有化的定義是，大股東向小股東提出現金或換股等方式，全面購回小股東所持的股份，並取消公司的上市地位。提出私有化的主要原因有兩個：

1 業務整合

在成熟的資本市場，私有化退市現象卻很普遍。假如母公司並非綜合企業，則其經營之業務或與子公司相近似，母公司可藉私有化，將兩者的業務生產工序及管理層進行整合，節省成本，提高營運效益。

2 股份未能發揮集資功能

公司於上市後，可透過配股、發債、籌措銀團貸款等方法進行集資，用以擴展業務。不過，礙於股價低殘、股份交投量少、公司處於行業低潮的原因，股份未能發揮應有的集資功能，令母公司計劃私有化。事實上，若在股價高的時候提出私有化，一則不容易得到大部分股東同意，另一方面成本也會比較高。

教你判斷上市公司 私有化5大蛛絲馬跡

通常有機會被私有化的公司，具有以下特質，投資者可用此判斷傳聞的真確性：

1 大股東持股量高

電視劇都成日有公司爭權的情節，好多時候，為1％股權都爭餐死。上市公司要私有化，其實都要佈署一下。

因為私有化是由大股東提出，所以你只要留意一下其上市公司的股權是否集中，如果有大股東股權60至70％，私有化會較容易。

2　股價呈大折讓

大股東決定不再上市，把公司私有化，講得好聽D，就話股價長期低迷，作為大股東認為股價大幅折讓，未能反映企業真正價值；其實有時候，大股東心水最清，他們可能發現公司的股價與其每股資產淨值出現嚴重折讓，即使母公司以溢價提出私有化，然後將公司資產以市價出售，仍有利可圖。

3　具重組概念

如果有利大股東旗下業務重組，私有化的可能亦大增，例如把系內公司架構分工更為清晰，有利市場估值，若大股東持有多家上市公司，把其中一間上市公司私有化，有利集團優化架構。

4　水多到浸死人

上市的其中一個目的就是為了集資，如果公司財政健全，負債率低，錢多到痺，個個搶住幫公司融資，在這種情況下，私有化都唔出奇，實在沒必要向公眾交代及每年花逾百萬元維持上市地位。

5　曾提出私有化

之前已經提出過私有化但未成功，如果大股東再次提出私有化，這証明大股東的決心，事成的可能性大增。總言之，投資者想尋寶，發掘具私有化可能的目標搏短炒，可能並非易事，要做好多研究工夫，兼要有耐性，

教你避開問題股

股市最大的特點是機會與風險並存，投資者都希望買入的股票是業績優良的白馬股，不希望自己成為問題股的犧牲品。但資本市場就是這樣，期待的往往落空，擔心的卻常常發生。面對五花八門的問題股，投資者還需理性看待，正確處置。股價漲跌與有無「問題」沒有必然聯繫。有時，投資者好不容易遇上了白馬股，結果股價不漲反跌，有時不幸遇到了問題股，卻反而觸底反彈，走出了一波可觀的上漲行情。

所謂有問題股份，是指上市公司的營運狀況轉壞，但管理層沒有如實向外界公佈的股份。投資者在不知情下購入該公司的股票，便有可能遭受損失。其實，上市公司出現的問題萬變不離其中，一般為帳目問題及公司管治問題。事實上，上市公司營運出現問題的方式層出不窮，投資者若能預先知道的話，便可避開此類股份，免受不必要的損失。

問題股閃避招：
一切從帳目開始

核數師突然「唔撈」或更換核數師

如果你睇到新聞或有公佈某上市公司突然或冇合理的理由換核數師，咁你就要小心喇！就好似你知道有個同事突然離婚，八卦兼口衰的人都會唱：佢老公一定有外遇啦！上市公司一般不希望引起市場猜疑，所以盡量避免更換核數師。若然你知道某公司有核數師的請辭，這更為罕見，股價唔應聲向下就奇。核數師變動暗示他們與管理層之間在審核帳目問題上出現爭執，或管理層沒有披露足夠的帳目予他們審核。如出現以上情況，公司十居其九會出現問題，如投資者得悉公司公布上述消息，應避免買入或盡快沽售有關股份。這算是一個嚴重的問題，搞得唔好，公司隨時停牌都唔出奇，到時你的本金被鎖住，你唔好話唔一額汗。

核數師無端端彈句：保留意見

如果你有老公或老婆，終日悶悶不樂，有好多心事唔講你知，總好過話離婚咁大件事。不過，有心事唔講你知都唔係好嘢。作為上市公司，在非必要情況，都不想被核數師贈予「保留意見」四字。核數師給予保留意見，等同有心事唔想講，其原因多數是上市公司披露的帳目不足、失實、資產混淆等，令核數師沒法對帳目真實地給予公正合理的評價。投資者看見核數師給予此評語的話，代表公司帳目缺乏準確與真實性，同樣不宜沾手。

問題股閃避招：
睇住公司高層的動作

延遲公佈業績

小朋友一次半次遲交功課，其實都好正常；但係個個星期都遲交，你估佢都唔會好成績得去邊！上市公司也是一樣，延遲公佈業績是一個常見的現象，但公司沒有在特定的時間將帳目遞交予聯交所，原因除了出現行政失當外，亦可能是該公司核數師需要為資產作一次性的減值，故多花時間進行資產審核。不過，如果係一個成績欠佳的學生，就算俾多D時間佢，功課都唔會無端端由D做到去變A。同一道理，核數師再經審核後，大多數公司所公佈的業績往往差強人意。投資者若察覺上述情況出現，應待業績公布後才決定是否投資。

董事局人事變動

一間得5個人的公司仔，老闆出咗事，就真係頭痕；但去到上市公司咁大，一個半個董事局成員有變動，未必會對公司有致命的影響，一般人事變動的嚴重性不大，不用太擔心。不過，如公司出現管治問題或惹來法律訴訟，而董事局成員又需要負責，他們便可能在事發前相繼辭職。作為投資者，你須要注意這一點。但是董事局請辭有多個原因，不能全部都當作壞消息來處理，但多位董事局成員相繼離職，便應多加留意事件發展。在主板上市的公司需要以新聞稿或該公司認為適當的形式，確保公眾得知董事局人事變動的消息。此等新聞稿通常亦會登載在聯交所的網站。

避開問題股

兩手準備的習慣

炒股與日常生活一樣，有事莫膽小，無事莫膽大。沒有「問題」時，投資者應多一份風險意識，操作時做到謹小慎微，兩手準備，隨時應對可能出現的個股「問題」。一旦遇上「問題」，不必膽戰心驚，沉著面對即可。

買藍籌股與大型國企股

本港的上市公司眾多，而問題股多數會集中在仙股或細價股裡。藍籌股與重磅國企股一般的透明度較高，企業管治質素也有保證，買入這些股票便較有保障，應盡量避免買入三、四線股。

避開剛上市股份

他認為，一些企業為了上市集資，或會「谷靚」盤數，而上市後業績卻可能會走樣，表現令人失望。如散戶盡量避免購入公司上市不足3年的股份，便可減低潛在風險。

留意公司管治狀況

上市公司出現問題，未必會導致公司倒閉，投資者最多低價沽出止蝕了事，但事態嚴重，公司可能被停牌，甚至清盤倒閉。所以，投資者購入股票後，不要好似二世祖坐係到等錢落袋，應時刻留意公司的變化，例如分析其財務報表的變化、留意管理層的人事變動等等。

保住本金
的投資秘訣

複息利率的威力，筆者在之前的書也強調過。如果要不斷地創造複利投資，就要先制訂投資原則後再實踐。如果自己沒有原則和戰略。就會追趕潮流按別的做法投資或輕易地投資自己不了解的商品。這種做法很難達到預期的良好願望。與馬拉松比賽的選手一樣，為了跑完比賽，要一直保持平均的速度；在投資的時候，制訂一個能夠長期保持的原則和戰略非常重要。

短期投資 vs 長期投資

原則是無論處在什麼樣的環境下
都不可改變的東西，而戰略可以
根據投資目的或投資環境的變化
而改變。對此，我強調要做「不
損失的投資」，這也是我自己的
投資原則。要做到這一點。需要
同時考慮下面的兩個問題：

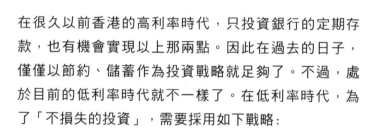

① 保住投資本金。
② 根據物價上漲率保住本金的價值。

在很久以前香港的高利率時代，只投資銀行的定期存
款，也有機會實現以上那兩點。因此在過去的日子，
僅僅以節約、儲蓄作為投資戰略就足夠了。不過，處
於目前的低利率時代就不一樣了。在低利率時代，為
了「不損失的投資」，需要採用如下戰略：

短期投資時
保住投資本金更重要，因此，要投資不會損失本金或投
資風險小的債券型產品。

長期投資時
根據物價上漲牢保住本金的價值更重要。因此，雖然投
資風險大；但要投資可以期望比利息更高收益的股票型產
品。

投資前的假設：時間是防守的最好朋友

假設 1

你現有6萬元。一年後你要用這筆錢進收交碩士學費。如果把這筆錢投資到收益率1.4％的一年人民幣定期存款，到期後可以得到60840元。雖然不能期望高收益；但肯定有錢交碩士學費，唔會搞到書都冇得讀。相反，如果投資股票，就沒有辦法預測一年後可以得到多少錢。因為沒有辦法知道未來股票價格的變動情況。股票價格每一天、每一秒都在變化，有時甚至整年都在上漲，或整年都在下跌。如果有收益還好，萬一損失本金，等錢救命就冇人幫到你。因此，在這種情況下，要投資可以保本的定期存款或損失本金可能性很小的債券都適合。

假設 2

你現在有6萬元，而短期內不需要用這筆錢。這時的情況就不一樣了。股票價格下跌後肯定還會上漲，上漲後也肯定還會下跌。投資期間由於股票價格下跌而虧損，可以等到股票價格上漲恢復本金再產生收益。相反，由於股票價格上漲獲利，在適當的時候可以中斷投資回收資金。雖然無法控制股票價格的變動，但投資時間越長，獲得這種選擇（或決定）的機會就越多。所以，最終可以在一定程度上管理投資風險。因此，在這種情況下，為了得到比利息更高的收益，可以考慮投資股票。

資產分配戰略

之前的假設是以一次性投資一大筆錢的情況為例，但追加式投資的情況也和上面相同。不要以為，月供股票型基金這追加式投資，其穩定性就和一筆過存款一樣。其實不然，月供追加式投資的收益比一筆過高。雖然追加式投資大大減小了投資風險，但並不是完全消失。如果最終賣出的股票價格低於每月平均買進的股票價格，一樣會產生損失。因此，進行追加式投資的時候，也要作好要等到以後股票價格上漲才可以獲得收益的打算，長期投資。

不同的投資區間所要承擔的投資風險大小不同，因此，要先考慮好投資區間，再決定投資債券還是投資股票，這也是一件非常重要的事情。為了做到這一點，在投資之前，要先審核今後的支出計劃等，再制訂投資戰略。

如果近期內需要支出很多錢，就增加債券型的投資比重。不然就增加股票型的投資比重。像這樣，設定債券型和股票型的投資比率後，長期保持這一比率的戰略稱為「資產分配戰略」。投資期間，也許會出現意想不到的事情而需要支出很多錢，所以要充分預留備用資金。至於按什麼標準將投資時間劃分為短期或長期，並設有絕對尺度。以1年或3年等特定時間為標準，決定投資債券型還是投資股票型僅僅是一種參考坐標。因此，不要為這類問題費心，而是把投資項目分為準備子女上大學資金、準備養老資金、準備買樓資金等，再接每種目的適當分配資產進行投資。

股票的平均買進價格

在投資股票的時候。最大的憂慮是什麼時候買進，什麼時候賣出。無論再好的企業股票，如果賣出的價格低於買進的價格，就是虧損。誰都知道。在股票價格低的時候買進，在高的時候賣出才能獲利，但扒準這一時機卻非常困難。因此，不要白費力氣想要抓準買賣時機，而是採同在股票價格低的時侯多買進，股票價格高的時候少買進，降低平均買進價格的戰略。

例如，假設不是一次性投資180元，而是每次投資60元，分3次投資。如果股票價格是0.3元每股，60元可以買200股；如果股票價格是0.6元，用同樣的錢可以買100股；如果股票價格是1.2元，只能買50股。

最好的投資方法走股票價格0.3元時，將180元全部一次性投資，在1.2時全部賣出。但如果不小心，也會發生在1.2元時全部投資，在0.3元時賣出的不幸事情。如果每次追加式投資60元，總投資180元，可以買進350股，相當於每股用0.5元（180元，350股）買進。這0.5元就是平均買進的股票價格。因此，最終賣出時的股票價格如果是1.2元，獲得的收益雖然沒有0.3元買進1.2元賣出時所獲得的收益多，但相當於0.5元買進的股票以1.2元賣出，每股收益0.7元。相反，最終賣出時的股票價格如果是0.3元，每股的虧損是0.2元，這比1.2元買進0.3元賣出的虧損小很多。這種現象常常被稱為「平均成本的效果」。

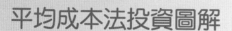

平均成本法投資圖解

追加式投資虧損的情況

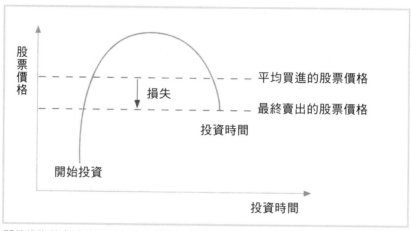

即使投資結束時的股票價格高於開始投資時的股票價格，也可能會產生損失。

追加式投資獲利的情況

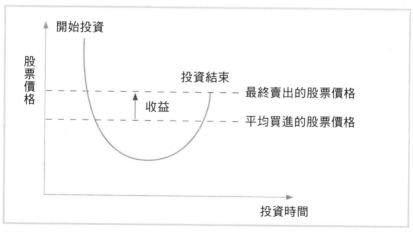

即使投資結束時的股票價格低於開始投資時的股票價格，也可能會獲得收益。

筆記欄

海外投資陷阱

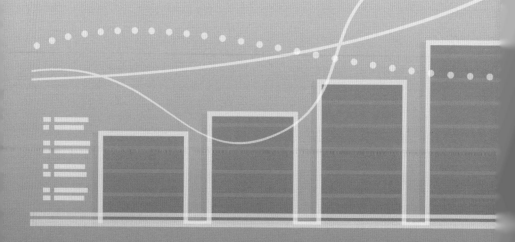

香港人投資外國股票
關鍵陷阱你要知

假如你買賣股票賺了一萬蚊，有人要抽你資本收益50％稅，你會唔會有一種俾人打劫的感覺？又或者你本來有500萬股票，當你死了之後，有人要強行抽你的後人30％遺產稅，你又會唔會怨笨，早知未死之前食多D玩多D好過？放心，香港冇資本收益稅，而遺產稅也在近年取消了。不過，如果你投資一些公司註冊在外國的股票，情況就未必一樣。雖然你人在香港，亦不是當地的公民或居民；但你仍然有機會被當地政府吞噬三分一血汗錢。交稅是作為公民的責任，不過交俾一個同你「九唔搭八」，大纜都扯唔上關係的外國政府，真係寧願捐俾香港公益金好過。

從Prada搞上市開始
掀起香港人資本收益稅意識

買Prada名牌手袋有打折就筍；但如果買Prada股票有錢賺時都打折就唔筍喇！名牌企業Prada(01913)，在香港初步開始招股時，招股書提到本港個人投資者買賣Prada股份，若有錢賺，須繳付12.5％的資本收益稅給意大利政府。這是首次在港交所掛牌的公司明文規定股東賺錢要繳稅。

買得越多稅率越高

意大利有向在股票市場中賺錢的人士徵收資本收益稅(Capital Gains Tax)，在意大利註冊的Prada來港上市，在招股書內也列明對個人股東及公司股東都有徵收資本收益稅的要求。根據Prada招股書，海外個人股東在獲利後須繳納12.5％資本收益稅；持有多於2％投票權或多於5％資本的「大戶」，其資本收益的50.28％可免稅，其餘49.72％的資本收益按一般稅率27.5％繳納。賺錢要被人抽水已經慘，在招股書提及報稅及交稅的程序，睇見都令人覺得相當繁複，首先要從意大利稅局網站下載報稅表，該表更只有意大利文。稅款亦要以歐元支付，並要透過意大利特約銀行以電匯形式支付，不接受郵寄支票。

執行唔係咁容易

香港人買賣股票，多數在經紀行或銀行，即使用個人名義以白表抽Prada新股，沽出時也會找銀行或證券行代勞，意大利當局根本好難追尋香港散戶賣出Prada的紀錄。想抽香港人水，其實都唔係咁易。

香港利得稅課稅範圍

任何人士，包括法團、合夥業務、受託人或團體，在香港經營行業、專業或業務而從該行業、專業或業務獲得於香港產生或得自香港的應評稅利潤（售賣資本資產所得的利潤除外），均須納稅。徵稅對象並無居港人士或非居港人士的分別。

因此，居港人士得自海外的利潤可毋須在香港納稅；反過來說，非居港人士如賺取於香港產生的利潤，則須納稅。至於業務是否在香港經營及利潤是否得自香港的問題，主要是根據事實而定，但所採用的原則可參考在香港法庭及英國樞密院判決的稅務案件。於海外產生的利潤，即使將款項匯回香港，亦毋須納稅。

總言之，個人股票買賣賺到錢，係唔駛交稅俾香港政府。香港政府都未貢獻；反而要貢獻外國政府，真係贏錢都贏得唔順氣。

商討香港入白名單之列

據當時傳媒報道，Prada（01913），雖然國際配售方面反應不俗；然而，散戶市場卻表現迥異，公開招股第二日，不但孖展依然未足額，甚至還出現撤資情況，除了反映了當時市場氣氛及外圍環境欠佳外，散戶投資意欲熱不起來，主要涉影響投資情緒的資本收益稅。意大利與香港有關機構，曾商討香港可否列入白名單（White List），一旦香港獲納入白名單之列，散戶投資者便不需繳交資本收益稅。日後投資者買賣股票，真的要做足功課，尤其抽新股，要睇睇招股書和留意相關新聞。

買美股要小心
死後被屈三分一身家

這個案是筆者朋友的真人真事。他是香港人不是美籍人士,幾年前過世,他老婆就打算賣掉他名下的美股,也把相關的死亡証甚麼都發過去美國了。結果,美國政府要他納了遺產稅才能處理那些股票,在那邊的戶口也凍結了!原來,在一定期限內沒有繳交美國的遺產稅,稅率就會大幅提升。結果,在非常非常趕急的情況下,繳納了資產三分一的稅額才能取回股票。香港已經取消了遺產稅;但現在筆者朋友兩夫婦身為香港人,既沒有美國藉,更從來冇去過美國,竟然要繳美國的遺產稅,本來儲了市值三百萬做退休金養老,現在被逼白白「捐」了一百萬去建設美國經濟,覺得真係對香港及祖國的同胞唔住。

証券公司推銷時
沒提半句原來有暗湧

筆者的朋友生前，在一間公司名和樹木有關的公司開設美股投資戶口。開戶時，兩公婆都在場，但當時也沒聽過經紀向他們提及非美國公民有需要交美國遺產稅這回事。朋友過身後，妻子哭訴向筆者求助，於是便代為向相關証券公司查詢，問及為甚麼不告訴客人美國有相關的法例。

結果，証券公司當然推說這是客人的責任，他們公司已經盡量地提醒客戶要注意的事項，可是，因為之前沒有這樣的例子，所以在事主開戶的時候就沒有提及，以後會注意云云。最後，他們更理直氣壯地強調弄清楚稅制是客戶的責任。

在各大媒體都有很多專家曾經指出，金融海嘯後，不少企業估值低於平均水平，吸引投資者入市撈底。被傳媒及各大「講股佬」吹捧下，那時的確多了不少本地投資者對美股感興趣。不過，在這裡提醒大家一下，買賣美股收費與港股略有不同，而且始終是「隔山買牛」，最緊要多留意當地新聞及數據，才能緊貼股市走勢。相比港股，提供美股買賣的銀行及證券行並不算多。看來，常常說要分散投資，要多元化，可是陷阱還不少啊！投資最好信自己，經過雷曼事件後，真要小心在意，別胡亂相信別人，那怕是專業機構！

美國稅制比
香港複雜

美國人買賣股票需向政府繳交利得稅（資本收益稅），但外國人則可豁免，只需簽署W8-BEN表（非美國公民身份證明）即可，唯需在開戶時同時申報。不過，股息則不設寬免，美國政府按不同股份最多抽稅三成。

當美股有股息派時，無論任何人都要付30％稅，這個條件也可以接受，以為毋須付「資本收益稅」，就定萬無一失，從來無人告訴朋友兩夫婦們有第三類最大筆的稅，就是遺產稅，稅率介乎18％至35％。簡單D講，你唔死還可以，萬一你一死，等同有多個人出來同你搶身家！

遠水不能救近火

正所謂官字兩個口，在香港出了事都要找律師幫手，更何況人在香港，麻煩事在美國？朋友的老婆唔知頭唔知路，唯有聘請當地的稅務律師協助處理。唔講尤自可，講開就把幾火，當時她要越洋與律師溝通，本以為找到專業人士協助，可以安心，怎料仍波折重重，在僱用第一位律師時，竟然在通了幾次電話後沒有下文，卻仍要俾成萬幾港幣律師費。輾輾轉轉，換了兩個律師，才聘請到合適的律師，協助申請延期處理。

經此一役，她如同驚弓之鳥，隨即把自己持有的美國股票都沽掉，就連戶口也結束，亦把自己的經歷告訴別人，叫別人買美股時要考慮清楚。

非美國公民 W8-BE
表格樣本

SUBSTITUTE
Form W-8BEN

U.S. Bank Nat'l Assoc. (03/2007)
U.S. Bank Branch #_____
OMB No. 1545-1621

Certificate of Foreign Status of Beneficial Owner
for United States Tax Withholding

>Section references are to the Internal Revenue Code. See instructions below and on back.
>Provide this form to U.S. Bank. Do not send to the IRS.
>The person whose name is listed on line 1 must sign the certification.
>**Resident aliens should not use this form but should complete Form W-9.**

Lines with
Bold print
titles must be
completed.

Part I   **Identification of Beneficial Owner** (See instructions)

1 **Name of individual or organization that is the beneficial owner** (1 name per form)	2 Country of incorporation/organization

3 Type of beneficial owner ☐ Individual ☐ Corporation ☐ Partnership ☐ Estate ☐ Simple Trust ☐ Grantor Trust ☐ Complex Trust
☐ Government ☐ Tax Exempt Org. ☐ Central Bank of Issue ☐ International Org. ☐ Disregarded Entity ☐ Private foundation   Other _____

4 Permanent residence address (street, apt. or rural route). **Must be an address outside the U.S.** Don't use a PO Box or in care of address.

City or town, state or province. Include postal code where appropriate.	**Country** (do not abbreviate)

5   Mailing address if different from above (**Complete Part II if mailing address is in the U.S.**)

City, state / province, postal code	Country (do not abbreviate)

6 U.S. taxpayer identification number (see instructions)	7 Account number(s)

☐ SSN or ITIN ☐ EIN

Part II   **Additional Documentation for Customers Providing Mailing Addresses in the United States**

1.   **Additional documentary evidence of foreign status:** Provide US Bank with a copy of an official document showing your name
    and address in the country listed on line 4 (if providing a passport, the address rule does not apply). Also, the identification cannot
    show the U.S. mailing address. Please check the box below that identifies the type of document you are furnishing. (Branch –
    attach ID to this form.) **Note:** A "MATRICULA CARD" issued to citizens of Mexico and other countries IS NOT ACCEPTABLE
    IDENTIFICATION for purposes of submitting a W-8BEN as it normally lists a U.S. address. Persons holding these cards must provide another form
    of identification in order to complete a W-8BEN.

    ☐ Non U.S. Passport ☐ Non U.S. Identity card ☐ Non U.S. Driver's license ☐ Student Visa ☐ Diplomatic credentials
    ☐ Non U.S. Professional license ☐ **Other (describe)** _____

2. **Written statement supporting foreign status:** You must provide US Bank with the reason you are using a U.S. address in
connection with your account(s). Provide the written reason on the lines below or provide it in a separate signed statement. Note: the
information you provide must support a reasonable conclusion that you have <u>not</u> lost your non resident alien status by residing in the
U.S. beyond the maximum time allowed and becoming a permanent resident alien for tax purposes.

Part III   **Certification**

Under penalties of perjury, I declare that I have examined the information on this form and any related document and to the
best of my knowledge and belief it is true, correct, and complete. I further certify under penalties of perjury that:
1 I am the beneficial owner (or am authorized to sign for the beneficial owner) of all the income to which this form relates,
2 The beneficial owner is not a U.S. person,
3 The income to which this form relates is (a) not effectively connected with the conduct of a trade or business in the United States, (b)effectively
    connected but is not subject to tax under an income tax treaty, or (c) the partner's share of a partnership's effectively connected income, **and**
4 For broker transactions or barter exchanges, the beneficial owner is an exempt foreign person as defined in the instructions.
    Furthermore, I authorize this form to be provided to any withholding agent that has control, receipt, or custody of the income of which I am the
    beneficial owner or any withholding agent that can disburse or make payments of the income of which I am the beneficial owner.

Sign Here ➢ _____   _____   _____
               Signature of beneficial owner (or individual authorized to sign)   Date   **Capacity in which acting**
                                                                              POA – copy of authorization must be attached
       If required, be sure to attach a copy of the additional documentation that you checked in Part II -1 above before you return this form to U.S Bank

點解美國富豪咁鍾意玩裸捐？

美國對富豪徵收高額遺產稅，防止財富因世代相傳而過度集中，財富越多，稅賦越高，高到「逼迫」富豪把錢「貢獻」給社會，讓社會去花。它同時照顧富豪們的感受，讓他們成立各種基金會，大限度地擁有對財產的「支配權」。實際上，富豪把管理自己的慈善基金當成一件有成就感的事業來做，這也讓富豪們掏錢掏得舒心。這無意巧妙地實現了富豪財富的社會化。

美國遺產稅令富不過三代

美國對本土人及外人徵收遺產稅的免稅額不同，非美國人為6萬美元（約46.8萬港元）以下，但當地公民則為500萬美元（約3,900萬港元）。因為美國會對人死後留下超過500萬美遺產徵收遺產稅，所以有評論人士說：「美國人富不可過三代」。因為每次都被減三分一，減減下真係渣都冇得剩。中國富豪很難像美國富豪那樣「裸捐」，固然是因為直到現在仍未出台遺產稅。如果中國開徵遺產稅，富豪的財富觀肯定要大幅改變，相信會不斷向西方富豪們看齊。

遲報遲交美國遺產稅點樣罰？

按規定遺產受益人或執行人必須在去世的人死亡當日開始的9個月內報稅及繳稅，再獲政府發給Transfer Certificate，才可將有關遺產轉移。假如誤了期限處理遺產，當中亦有罰則，包括遲報稅，便要在所需繳稅金額上，每月加收5％罰款，上限為25％；若遲交稅也要罰，亦要在所需繳稅金額上，每月加收0.5％，上限亦為25％。

香港冇
遺產稅的利弊

香港冇遺產稅，對個人而言，當然「筍」啦；但對整體的社會而言，又到底是不是一件好事呢？首先冇遺產稅會令更多人透過在香港的信託或公司，持有在港的資產，換句話說，冇遺產稅會吸引更多熱錢流入地產（特別是「豪宅」）市場，使香港珍貴的土地資源流入國際（包括國內）富裕階層手中，到時有錢人就越有錢；窮人就越窮。因為持有資產（物業）的成本比相對地不高，一定多咗人炒賣，做成富者田連阡陌；貧者無立錐之地的局面。

香港取消了遺產稅是否能真的鞏固香港的國際金融中心或資產管理中心的地位，其實好難一概定論。冇遺產稅可增加香港對投資者的吸引力；不過問題是那一類「投資」會被吸引流入香港。過去幾年銀行按揭超級低利息，再加上高地價政策及通脹，所謂「救活」香港經濟的靈丹妙藥，便成了炒賣地產、投機金融的借口。

事實上，這幾年銀行信貸樓宇按揭業務不斷增長，佔銀行總信貸的比例甚至比97年的樓市高峰期還要高。造成跨代貧窮的邏輯（貧者愈貧），剛好也就是造成跨代富裕的邏輯（富者愈富），而違反自力更生、多勞多得原則的遺產承繼，正是造成跨代富裕或跨代貧窮的其中一個重要的原因。

海外投資
避稅 Q&A

Q 點解明明係香港人又唔係美國公民都要交美國遺產稅？

A 遺產稅通常以資產的所在地作為收稅的準則，依香港未取消遺產稅時為例，你留在香港上市公司的股票、在港的物業，甚至放在香港的古董都會計算在內，不過當然要有市場價值才有得計，如果你阿老豆唔係咩名人，留了一隻佢阿爺的門牙俾你，話係傳家之寶，而你阿爺又唔係咩名人，應該唔駛交稅。

Q 臨死前調走所有資產，可唔可以避開遺產稅？

A 都未死，梗係唔駛交遺產稅；不過你都係要了解不同地方的稅制，因為避開遺產稅可能還有其他稅跟尾。如果你用無償轉移的方法，想把資產送給親人，有些國家需要付「贈予稅」（Gift Tax）。你亦可以用公司名義持有資產，不過要成立及維持一間公司也需支付費用，還要有每年核數預算，若在稱為避稅天堂的BVI註冊，則收費相對較低。講到用公司避遺產稅，最好該間公司有其他國家資產或其他業務，如果間公司只得一層樓，相關政府一睇就知，你是為了避稅。

Q 基金是否需要俾遺產稅？

A 咁就要睇該基金本身在那裡註冊。如果基金是在美國註冊，便有要交遺產稅的機會。不過買咩都要了解清楚，因為有很多聲稱自己是美國基金，但其實是在開曼群島的註冊，在這樣的情況下，便不會有被徵收美國遺產稅的風險。正路嚟講，一般對非美國的投資者，經紀甚少機會推介在美國註冊的基金公司。不過，如果你信唔過經紀，最穩當的做法是自己了解基金的說明書，內裡會清楚寫明基金的註冊地，也會寫明是否需要繳交註冊地的稅項，若要交遺產稅都會寫明。

美國以外對非公民 投資者收稅的國家你要知

國家	稅項	收稅概況
中國	股息稅	H股大家都應該好熟識。未買過股票，唔知H股係咩？H股是指在內地注冊成立的企業，在香港上市的外資股就是H股。該類股份企業的主要持股人為中國政府及地方政府，所以亦稱為國企股。如果H股派股息，你便會被徵收10％預扣的股息稅。
英國	遺產稅	在英國遺產稅一般被稱為繼承稅。如果你在英國有資產，而資產價值為32.5萬英鎊以上，你便會被徵收40％的遺產稅。有成接近一半，你都米話唔肉赤。
加拿大	資產增值稅	這個稅就同之前篇幅提及過的Prada(01913)招股事件一樣。若市價高過你的買入成本價，簡單地說，在你賣出的　刻有錢賺時，你便要因應情況而上繳稅款。
澳洲	資產增值稅	這個稅就同之前篇幅提及過的Prada(01913)招股事件一樣。若市價高過你的買入成本價，簡單地說，在你賣出的一刻有錢賺時，你便要因應情況而上繳稅款。
日本	資產增值稅	資產賣出後，如果有錢賺，15％要分俾政府。

投訴機構資料

雖然涉及境外投資，處理投訴方面有一定困難；但都洗濕咗個頭，唔通咩都唔做等佢自己乾咩？其實做任何投資，都建議投資者應保留有關文件或資料，作為日後提出意見或投訴的依據。若投資者在接受相關服務前或售後出現問題，亦可向消委會反映意見或作出投訴。隔山買牛真係唔係咁「荀」，其實投資者在投資前，最好先做好功課，評估自己的情況及需要，最少先了解投資地區的稅務責任、監管及保障措施是否適用於海外人士。

消委會
www.consumer.org.hk

證監會
www.sfc.hk

金管局
www.info.gov.hk/hkma

海外玩炒樓
隱藏陷阱多

香港政府出招打壓炒樓，有些人便轉投海外樓市，新的「海外炒房」熱潮在樓市調控新政之後再次湧起。價位相對較低的海外市場吸引了更多的中國炒房客，而「中國人來了」也讓金融風暴之後的海外市場又喜又驚。無論到海外去買樓養老，抑或是用來投資，總之天上不會掉免費餡餅！看似「筍價」的國外樓盤，其實背後隱藏著諸多陷阱，不然，全世界就都可以被買下來了。在這裡就教大家小心提防一些陷阱。

意想不到的費用多

筆者認識一位經營玉石生意的廠家，他有過海外炒樓的經驗，他花了700萬港元，在美國買了一間不錯的別墅型獨立屋。那間屋的周圍是草坪，還有游泳池，非常愜意舒適，其外圍環境就像電影《阿甘正傳》裡阿甘家的那間屋（當然屋就豪華很多）。可是不久之後，他才感覺不那麼輕鬆了。

按照美國相關規定，每年要繳納房屋價值1％到2％的房地產稅，如用作出租，還要繳納租金的5％到10％作為管理費。過戶、驗樓、保險，這些都要交錢，而且價格不菲，這些雜費都搞了他過萬美元！本以為可以就此安享豪宅，可接踵而至的是，一年多達幾萬美元的年地產稅、社區管理費、房子日常保養費，如此種種，讓他悔之不及。

我這位做玉石生意的廠家朋友，只是小富，不是上市公司級的超級富豪，以他家底，為這間別墅，真的折騰極了，很快就想賣，就算不掙錢，能撈回本也行！可是房產經紀人告知他，要想出貨，還要支付相當於房價10％的所得稅、房產經紀人的佣金、過戶稅和其他手續費，這麼一計下來，又得一大筆錢。現在提起買樓他就頭疼，沒鬧明白之前，再也不敢到海外去買樓了。

不少業內人士提醒，大部分香港人缺乏國際投資的經驗，只憑借香港炒樓的投資習慣去國外買樓是行不通的，至少要先熟悉國外相關法律法規才行。

海外置業
小心政策陷阱

如果你只得小小本，海外買樓只是出於投資的目的，這並非是一個好選擇。例如在美國這樣一個成熟的資本主義體系裡，期望房產投資的回報率長期高於市場平均值，是不太現實的。如果堅持投資房地產，每月的租金收入要足夠支付房產的所有開支，這包括貸款利率、過戶手續費、房產稅、其他雜費、房產空置率、維修費用以及該處房產對房主所得稅的影響等等。

德國對付房價暴利絕招

比如德國法律規定，如果地產商制定的樓價超過「合理樓價」的20％，即為「超高樓價」，買樓者可以向法院起訴；如果樓價不立即降到合理範圍內，出售者面臨最高5萬歐元的罰款。如果地產商制定的房價超過「合理樓價」50％則為「房價暴利」，這已經觸犯刑法，構成犯罪，可以判處3年徒刑。如果事先不熟悉此項規定而盲目炒房，那麼下場可想而知。

當地人反感 恐在多國遭限

出差加拿大時，在一個社交場合，和一個並不太友善的本土加拿大人麥克寒暄，他抱怨說：「你們中國的有錢人來到這兒，有了一套房子還買第二套，買了兩套還想買三套，甚至四五套，一門心思靠炒房子投機賺錢，一個新樓盤一開盤，70％的買家都是中國人。一套二手房一上市，中國人就爭先恐後拼命地搶。」由於中國人在極短時間內，接二連三地湧入外國買房，其中不乏投

機行為，嚴重影響了美國、英國、澳大利亞、加拿大、新加坡、日本等國當地人的利益，他們毫不客氣地將房價上漲歸罪於中國人，甚至重新制定購房政策，加以限制。

海外置業的大忌

在投資海外房地產市場的時候，一定要對所選擇投資地區的經濟發展狀況作一次全面的了解，而不是憑感覺行事。現在信息傳播非常快，購房者想要了解這些並不困難，只有了解清楚了，才能做到心中有數。如果只是聽信一些代理公司的一面之詞，難免有失偏頗，這是海外置業的大忌。

你必須了解當地的市場現在是處於怎樣的周期。按照一般的投資模式，選擇好的地段便能獲得不錯的回報，但是海外的房地產市場發展具有自己的周期，如果進入下跌周期，即使是投資頂級地段，也難保投資成功。因此選擇房產的周期，選擇在哪一個時間點進入這個市場，是很關鍵的問題。

出擊容易防守難。的確如此，對於投資海外的置業者來說，遠隔重洋，他們根本沒有時間和精力去管理自己的房產，因此，如何很好地養房倒成了一個比較現實的問題。目前有一些推銷海外房產的代理機構，只負責銷售，而在與置業者簽訂購房合同並辦理完交房手續之後，其餘的事情便全部由投資者自行解決，這在無形中給置業者帶來了管理上的不便。

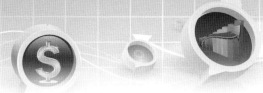

筆記欄

筆記欄

投資陷阱冇王管

炒賣亂簽
授權書
報警求助都未必幫到你

筆者最討厭就是那些直銷的Cold Call電話。有人可能會問，Cold Call有效咩？如果真係完全冇用，你就唔會日日都接到這些電話。筆者有個親戚，由於為人太仁慈（因為是熟人，請容許用一些正面的字眼），接到直銷電話，不懂得拒絕自稱外幣投資經紀遊說，一時心軟，開設外幣投資戶口，存入10萬元。雖然這位親戚講到明不涉風險，只要賺點利息就心滿意足。那個經紀當時亦爽口應承，但很快將錢全部「吞掉」。筆者不用輸掉，因為總認為那是騙局，可惜財到光棍手，別人有曬幾手準備，根本令你無法追究。

問及親戚那經紀買哪種外幣，親戚卻無奈地說：「我當時說要買的貨幣，新聞報導一直在升，趨勢很多，不可能虧蝕。X佢老X！個X街經紀竟然同我講，佢幫我買跌，所以全部蝕曬，仲要我補倉。我由頭到尾都冇話買跌，唯有嘈住話要報警，點知個X街經紀仲大大聲話合約寫明當事人授權作任何買賣。白紙黑字寫到明，最終沒有報警，也無法取回那筆錢，只是不用「補倉」。」

你要煉成完全防騙意識

那種行騙手法很無恥，外幣升跌有趨勢的，經紀不可能胡亂幫客人買跌，這樣用電腦列印幾張紙行騙，比當街打劫10萬元容易。親戚為了此事失眠一段日子，也不知哭過多少回，幸好家人冇怪責佢。

其實一直以來，市面上有些合約對投資者不利，先唔好講有冇中文版本，就算有，通常合約的字會安排得又細又密密麻麻。不過，當你遇上有任何看不清楚或不明白的地方，都要先問清楚，別輕易簽名。不要授權別人不用通知你，就可全權運用你的資金。開設股票現金戶口的話，小心可有細字寫明可借孖展或槓桿借貸投資。不能聽人游說的承諾，一切以白紙黑字為準的。

倫敦金陷阱依樣畫葫蘆

據業內人士了解，有買賣倫敦金的投資中介公司，常在報刊登招聘金融經紀廣告，吹噓底薪、佣金及獎金優厚，招聘良莠不齊的經紀，以類似手法，向一知半解，甚至無知的新來港人士及婦女埋手。以客戶的本金不停買賣賺取佣金及存倉利息，把本金全數輸光輸淨方肯罷休。

曾有好心的立法會議員為無助的受害者出頭，向傳披露事件，希望之後的人不會重蹈覆轍。受害者被游說購買倫敦金，聲稱可在短時間內賺大錢。隨後邀請受害者到位於中環的總公司參觀。受害者睇見間寫字樓有幾十個職員，心諗咁大間公司應該好穩陣。於是，在不清不楚當中風險及買賣操作情況下，便簽署了協議書授權給該名經紀買賣。

大名一簽投訴無門

隨後，受害人向該間公司過數幾萬元買賣本金，沒想到該名無良經紀，於交易首天，已替他進行10次買賣交易，出出入入實多風險，但經紀卻袋袋平安千幾蚊佣金。食過返尋味，第二日再交易12次，雖然輸掉了三分一的本金，但個經紀實行扮曬關羽個親戚「關人」，又袋千幾蚊息。經紀一直沒有向受害人提供買賣交易紀錄，直至玩到輸曬所有本金，經紀要求他平倉，方知合共進行過31次買賣交易。受害者曾致電證監會、金管局、財經事務及庫務局投訴，但各部門以「倫敦金不屬其監管範疇」為理由推搪，令受害人投訴無門。

警覺信用咭
偷錢陰招
保住你用來投資的本錢

筆者和同事出差泰國曼谷，因為一早知道星期四晚將會完成所有的工作，所以星期五便向公司請一天假，順道在曼谷玩一個週末才回香港。曼谷非常多遊客，飲飲食食加Shopping，信用咭天天都有人用。晚上Shopping到極倦，所以隨便找了一間餐廳食飯，埋單時俾信用咭，銀碼是$500港幣左右，看過銀碼沒有問題，正當想大名一簽的時候，發覺刷卡單比以前的厚了很多。

感覺奇怪，所以便多加留意一下，最後發現在簽名的單據下面，竟然還有另一張刷卡單，銀碼約是$1600港幣左右。好明顯，侍應是有心把兩張單據用釘書機釘在一起。

這招真的夠蠱惑，大家都應該知道，簽信用咭單的紙是過底紙，只要筆者在上面那張自己的刷卡紙上大名一簽，下面那張更大金額的紙上，亦會印有自己的簽名。日後收到月結單，就算發現有詐，都好難搞，因為那的確是自己的親筆簽名！筆者出差多數會帶一張簽帳額低的信用咭，以防丟失或有其他事故；但想不到現在的騙局，真是層出不窮，實在是防不勝防，因為作為遊客，心情放鬆了，警覺性自然相對地減少，時運低，中招一點都不出奇。筆者的同事當時即場責問那位侍應，問為甚麼還有一張其他人的單，但號碼卻是自己的信用卡時，那個侍應便馬上慌張地把後面的單撕掉了，說是可能收銀處搞錯了。

世事真的有咁多搞錯？

回來香港後才知道，原來身邊的朋友或朋友的朋友都曾遇過類似的騙局。騙徒的手法是利用餐廳裡同時結帳的人，因為經常有幾桌同時結帳，而當中不少是用現金付款，侍應就會把用現金付款的金額，找另一客人的信用卡，再刷一次。如果簽卡人沒有發現，而簽了兩張單，那麼用現金結帳的錢，便可以和信用咭單偷龍轉鳳，被侍應私吞。即使你回到香港發現了，山高皇帝遠，見數目不多，很多人都寧願多一事不如少一事；就算有人吵嚷要報警，最後他們也可以推得一乾二淨，說是卡主本人的親筆簽名，他們甚麼也不知道。

錢就算不是用來投資，也是用來花得開開心心，不是用來被白白騙去。保住你的本錢，等同保住你的投資實力。學習投資技巧故然重要；但學會從多方面保住你可以用來投資的本錢，也是一生必學的一門學問。筆者相信這些騙案，不止在曼谷發生。香港人，喜歡用信用卡消費，更加有機會跌入不同的陷阱，小心！

超低息
貸款是個局
另類信用咭套現陷阱你要防

好多人都知，如果直接係信用咭到提取現金，利息有機會貴到你唔信。雖然，這個世界上，總有很多人等錢駛，習慣先駛未來錢的人，對於利息的觀念亦可能冇咩；不過，亦有一批人對金錢有著很敏銳的觸角，銀行要賺這班人的錢，不是一件容易的事。

當銀行水浸時，經常游說信用咭客戶套現信用額作備用現金，並以低息低手續費作招徠，但原來部分銀行條款極辣，一旦套現，信用咭其他消費簽賬便要即時起釘，年利率逾三成。有很多自以為很精明的人，聽到每日只要俾雞碎咁少錢，就有筆平錢花；其實中左銀行陰招都未知。

如果你持有同一間銀行的信用咭多年，期期準時還款信用好，你的信用咭信用額會不斷調升。這不代表你好有撲錢能力；而是有些銀行想搵個借口，一筆過借錢給你。所以，現在很多人一張的信用額，隨時都十幾萬，不過月薪都係二萬左右。如果你有五六張咭，五六十萬，可能隨時都借到；但是如果你真的得二萬左右月薪，可能還一世都還唔曬。

貪平息隨時勁虧手續費

筆者有位朋友叫Chris，他在某間銀行的信用咭有九萬元信用額。股市有正所謂五窮六絕七翻身的傳聞，所以在五月尾，他便貸款了八萬元作「子彈」，為撈底做準備。這筆錢在一年內分十二期還，最「筍」就係只需交手續費一千元。九萬元信用額，借了八萬，還有一萬可以做簽賬額。之後，他簽賬了幾百蚊，並按時找數，在收到月結單後，卻發現利息貴到「啪啪聲」。他向銀行查詢，始知在還清貸款前，所有簽賬不論是否已找數，均會被收約三十釐信用咭年息。阿Chris了解到要咁貴息，未用過筆錢便急急腳還曬；因為這張咭做了很多自動轉賬，寬頻、電話費、八達通等等個個月都會自動過數，想唔用這張咭都唔得。最後阿Chris寧願蝕一千蚊手續費俾佢，都好過個個月挭貴息！

套現後不宜再簽賬

阿Chris條氣唔順，向匯豐、恒生、星展、中銀等八間主要銀行查詢，發現當中有兩間銀行的信用咭套現計劃，均是一旦貸款，在還清款項前，所有簽賬均會被收取信用咭利息，年利率約三成。原來用作繳交簽賬的錢，全被轉移去清還貸款，卡主變相長期拖欠卡數。因此，已套現的信用咭不宜作任何簽賬，亦要避免使用已用作自動轉賬及八達通自動增值的信用卡申請套現。

網上電郵呃「遺產稅」

在之前的章節中，也有篇幅提及遺產稅。國有國法，家有家規，如果真的要交稅都叫做對社會有貢獻；但若然是被騙而交「遺產稅」，感覺就真的賠了夫人又折兵。香港已經取消了遺產稅，仲有冇人咁蠢會被騙？首先唔一定個個都咁有常識，第二，講到呃遺產稅，多數跨國性，第三，大部分騙案成功的原因都係因為一個字：「貪」。

這是新聞都有報導的真人真事。一名居於美國三藩市的華僑，收到一封通知領取八百萬美金(近六千三百港元)遺產的電郵後，疑因貪心而墮入騙徒設下的陷阱，將一百三十萬港元的「棺材本」電來港，繳付「遺產稅」。可惜苦等半年後，仍無收到分毫遺產，才知「中招」。

美國尚有遺產稅
華僑特別易被騙

警方商業罪案調查科，經過長達個多月調查後，在港島區一間金融公司，拘捕一名尼日利亞裔男子，更懷疑他在這宗騙案中涉嫌清洗黑錢。據傳媒報導，案中受害人為一名早年從內地移居舊金山，目前已退休的姓曾，五十六歲男子。他收到一封電郵，指他是一筆八百萬美金遺產的繼承人，他可以透過香港一間銀行的戶口提取該筆財產。電郵的內容並提醒他，若要領取該筆財產，需根據法例繳付遺產稅。

這名姓曾的男子先後三次，將合共一百三十萬港元的「遺產稅」電匯至本港一個銀行戶口。其後等了近半年時間，仍無法收到該筆「遺產」。以為「棺材本」可以暴漲，點知一鋪清袋，結果他唯有向美國及本港警方報案。騙徒都夠醒，如果名正言順地得一個銀行戶口犯案，一定好快俾人捉。警方商業罪案調查科展開調查後，發現該筆電匯至本港的款項，遭人在不同的銀行和戶口透過轉帳「清洗」。警方在數間銀行的配合下，才能查出端倪。

其實類似的騙案一定好多，中招的人一定有身在香港的居民。唉，邊有咁大隻蛤蜊隨街跳！防止被騙的最好方法，就是戒貪。巴菲特對錢遵循的三條原則：第一條，保住你的本金；第二條，保住你的本金；第三條，記住前兩條。大家要學得醒目一點，防騙絕對是保住你投資本金的基礎。

投資旺角金魚街都買到的「紅燈魚」炒作半年可以有二千萬港幣回報

其實要搵錢，又真係唔係一定只得股票市場和炒樓，就好似投資紅酒、茶葉和藝術品，只要你有眼光，一樣可以發財。不過，你又有冇聽過投資隨便係旺角金魚街都買到，幾蚊條的「紅燈魚」？一名港人涉嫌串同另外三名陸豐同鄉，以投資養殖具觀賞價值的「紅燈魚」（港稱紅蓮燈）及每月有一成回報的手法，向鄉間村民進行集資詐騙，在不足兩年半內共騙取數百鄉親近二千五百萬元人民幣。這個投資騙局，手法和世級金融騙徒馬多夫的龐式騙局一樣原理。在這裡一提，當然不是叫你知法犯法，另設一投資騙局；而是多了解世情，提高自己的戒心。

「黃皮樹了哥」式的
投資技法你要防

這個半年就搵二千幾萬的港人姓林，原來已經66歲，小學文化程度，早年以養紅燈魚為業，其後沒固定職業。他回鄉向鄉里進行詐騙，虛構在香港投資的公司以養殖紅燈魚發達，持有八千萬元公司的股份，部份受騙的同鄉到林香港住所追債時，發現其家只有18個爛魚缸。

揭投資天仙局招客絕招

正所謂孤掌難鳴，這個港版馬多夫原來另有三名同黨，據案情透露，其中一名同黨得知林在香港靠養魚發財，於是以四十萬元入股投資養紅燈魚，但經營失敗；於是二人為了挽回虧損合謀返鄉，以集資養紅燈魚、每月有一成紅利為餌進行詐騙。在集資詐騙過程中，林由內親騙到外親、再由外親騙到外人。而他的同黨又騙得當地報章為他們集資作宣傳，結果在短時間內，四人共騙取了近二千五百萬元。

他們真的個個月都派息，令到上釣者一直都不認為自己被騙。他們把騙回來的錢，部份以股息分發。只要個個月有人入股，派息的資金就不成問題，第一層被騙者的本金，基本上可以全落自己袋。不過，因周圍能騙的親友都已上當，沒有人再入股，騙徒不能向投資者發紅利，該宗騙案才被揭發。貪字得個貧，當年雷曼事件，也是以超高息回報招徠。歷史永遠也會被重演，將來一定亦會有人中類同的招。要避開如此劫數，緊記一句：「有冇咁筍呀！」

馬多夫龐式
騙局運作內幕

這宗「紅燈魚」事件，令筆者想起涉嫌500億美元巨額欺詐的納斯達克前董事會主席Bernard Madoff。馬多夫詐騙案產生的震盪仍在擴散。受騙者不乏全球主要銀行和腰纏萬貫的個人投資者。已經有人說，馬多夫很可能製造了世界金融史上的最大騙局。可見有錢有見識的人，都會上當。

金字塔騙局

據華爾街日報報導說，著名美國導演斯皮爾伯格把他創立的天才兒童基金會(Wunderkinder Foundation)的70％交給了馬多夫投資，這筆錢顯然已經無影無蹤。調查人員說，馬多夫採用的是典型的「龐式騙局」。在他的兩個兒子告發他之前，美國金融監管部門對此毫無察覺。以上個世紀初美國臭名昭著的金融騙子查爾斯・龐濟(Charles Ponzi)命名的「龐式騙局」在很多其他英語國家又被稱為「金字塔騙局」。

所謂龐式騙局就是把新投資者的錢拿來當作投資回報支付給老客戶。這樣的話，只要不斷有新客戶把錢交給你投資，騙局就可以一直持續下去。馬多夫精心策劃的騙局持續了將近20年。直到金融海嘯，美國經濟陷入衰退，一些投資者要求提取大約70億美元的資金，馬多夫才露出馬腳。在龐式騙局的基礎上，馬多夫又添加了一些個人創意，使假相看起來更加逼真。律師傑克・布盧姆說，馬多夫在向投資者提供穩定回報的同時，故意把回報率壓在中等水平，使人不疑有詐。

筆記欄

筆記欄

投資風險驗證測試

風險
的容忍度

關於投資者對風險容忍度的敘述，你認為下列何者為錯誤？

A 年齡愈大，風險容忍度通常較低

B 健康情況愈好，風險容忍度通常較高

C 財富愈多，風險容忍度通常愈高

D 個性會影響對風險的容忍度

E 對該風險的知識愈淺，對該風險的容忍度愈高

此處風險的定義為：產生損失的可能性。年齡大對風險的承受度低，主要是因為沒有收入或收入減少了而產生的不安全感所致，真正年齡的大小倒非主要因素。這與C財富愈多，風險容忍度通常愈高的情形很類似。B則是牽涉到人的意志，一般人在健康情況不佳時，身心比較脆弱，通常較無法承受較大的風險。

一般投資人對風險常有錯誤的觀念，對風險的認識既不清楚、也不正確。因此很多時候會冒很大的風險而不自覺，或誤以為風險愈大、報酬愈高，所謂的：不入虎穴，焉得虎子。很多投資人冒不必要的風險實在是因為對該風險有錯誤的認識，而非其對風險的容忍度較高。如果投資人對該風險有清楚的了解並經過機率的估算，那麼他就是真正地可以容忍較高的風險了。

投資風險偏好測試卷

所謂風險承受能力，是指一個人有足夠能力承擔的風險，也就是能承受多大的投資損失而不至於影響其正常生活。在進行投資決策時，風險承受能力與風險偏好是最重要的兩項參考指標。既然風險偏好是影響投資的重要因素之一，而不同的人由於多種原因的影響，其風險偏好各不相同。因此，作為一個投資者來說，你是獨一無二的。以下問題只能單選，為了能測試出來你的真實風險偏好，請盡量如實填寫。在進行投資前，對自己的風險偏好有一個了客觀了解是很有必要的，因為這將決定你的組合風險，影響未來的投資收益。

1 你的家庭負擔：

A 家庭負擔較重，例如家中有病人等。

B 子女尚小，父母需要贍養，家庭負擔較重。

C 簡單的三口之家，父母剛退休不久，有固定的收入。

D 單身或者結婚不久，沒有子女，父母還年輕，無需贍養。

2 你的投資收益預期是什麼？

A 獲得相當於銀行定期存款利率的回報。

B 保障資本增值及抵御通貨膨脹。

C 獲取每年5％～10％的回報率。

D 獲取每年10％的回報率。

3 在海灘，你是否經常不小心游出安全區內？

A 絕對不會。

B 很少這樣，太危險。

C 這樣也沒有什麼大不了的。

D 經常這樣，無視安全線的存在。

4 你是不是經常喜歡自己做決定？

A 不喜歡，最好有朋友幫忙。

B 有人給我意見會使我的信心大幅度增加。

C 我習慣於自己做決定，但是別人的意見我會參考。

D 自己做決定是我一貫的作風，從來不需要別人的參與。

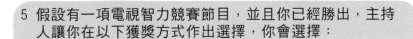

5 假設有一項電視智力競賽節目，並且你已經勝出，主持人讓你在以下獲獎方式作出選擇，你會選擇：

A 立刻拿到10000元現金。

B 有50％的機會贏取50000元現金的抽獎。

C 有25％的機會贏取100000元現金的抽獎。

D 有5％的機會贏取1000000元現金的抽獎。

6 獨自到國外旅游，遇到三叉路口，你會：

A 仔細研究地圖和路標，確認無誤再做出選擇。

B 向別人問路，問清楚之後選擇。

C 大致判斷一下方向，然後毅然決然地走下去。

D 用拋硬幣的方式來做決定。

7 例如你預計有一項投資可能會有較大的收益，可是手中卻沒有足夠的資金，你是否會對外融資？

A 肯定不會。

B 可能不會。

C 可能會。

D 肯定會。

8 假設下面4種投資可能，這只是假設不代表任何市場上的投資產品，你認為你可能選擇的投資組合是：

A 最大收益16.30％，最大損失-5.60％。

B 最大收益25.00％，最大損失-12.10％。

C 最大收益33.60％，最大損失-18.20％。

D 最大收益42.80％，最大損失-24.00％。

9 你計劃中的投資時間是多久？

A 兩年之內（短期）

B 2-5年（中期）

C 6年以上（中長期或長期）

D 10年以上。

10 如果需要把大量現金放在口袋裡一整天，你是否感不安？

A 非常不安。

B 會有點不安。

C 不會。

D 絕對不會不安，心安理得。

11 你是否花很多時間思考你走過的生活道路以及目前的選擇？

A 經常這樣，思考過去是減少未來風險的有效手段。

B 有時候會，我覺得這樣也許會對我有幫助。

C 偶爾會，但是那對我來說並不重要。

D 不會的，我會很快的忘掉過去。

12 站在潮水湧動的股票行大廳，你的心中是否熱血沸騰？

A 不會的，我討厭這些。

B 也許會，這要看其他條件。

C 很可能會，但是我還是能控制自己的情緒。

D 會的，我肯定會思考我的投資計劃，是不是多投些股票。

13 如果你是一位有過沉痛的股市投資失敗教訓的投資者，現在大盤重新看好，你發現了一次贏利的機會。你是否會再次投資股市？

A 肯定不會。

B 可能不會。

C 可能會。

D 肯定會。

14 下列哪件事情會讓你最開心？

A 在公開賽中贏了100000元。

B 從一個富有的親戚那裡繼承了100000元。

C 冒著風險，投資的50000元基金帶來了100000元的收益。

D 無論通過上述任何渠道取得100000元收益。

15 你的老鄰居是一位經驗豐富的石油地質學家，他正組織包括他自己在內的一群投資者，為開發一個油井而集資。如果油井成功，那麼將帶來50～100倍的投資收益；如果失敗，所有的投資就一文不值了。你的鄰居估計成功概率有20％，你會投資：

A 0

B 1個月的薪水。

C 6月的薪水。

D 1年的薪水。

16 假設通貨膨脹率目前很高，硬通資產如稀有金屬、收藏品和房地產預計會隨通貨膨脹率同步上漲，你目前的所有投資是長期債券。你會：

A 繼續持有債券。

B 賣掉債券，把一半的錢投資基金，另一半投資硬通資產。

C 賣掉債券，把所有的錢投資硬通資產。

D 賣掉債券，把所有的錢投資硬通資產，還借錢來買更多的硬通資產。

投資風險
偏好測試卷分析

1	A1分	B3分	C4分	D5分
2	A1分	B2分	C3分	D4分
3	A2分	B1分	C4分	D1分
4	A2分	B1分	C4分	D6分
5	A1分	B2分	C3分	D4分
6	A1分	B2分	C3分	D4分
7	A1分	B2分	C3分	D4分3
8	A1分	B2分	C4分	D6分
9	A1分	B3分	C6分	D9分
10	A3分	B1分	C4分	D6分
11	A1分	B3分	C5分	D9分
12	A1分	B2分	C3分	D4分
13	A1分	B2分	C4分	D6分

得分27～36分

你屬於穩健型投資者 （建議成長性資產：30％—50％ 定息資產：50％—70％）

你對投資的風險和回報都有深刻的了解，你更願意用最小的風險來獲得確定的投資收益。你是一個比較平穩的投資者。風險偏好偏低，穩健是你一貫的風格。

得分37～50分

你屬於平衡型投資者 （建議成長性資產：70％—80％ 定息資產：20％—80％）

你的風險偏好偏高，但還沒有達到熱愛風險的地步，你對投資的期望是用適度的風險換取合理的回報。如果你能堅持自己的判斷並進行合理的理財規劃。你會取得良好的投資回報。

得分51或以上分

你屬於進取型投資者 （建議成長性資產：80％—100％ 定息資產：0％—20％）

你明白高風險高回報、低風險低回報的定律。你可能還年輕，對未來的收入充分樂觀。在對待風險的問題上，你屬於風險偏好型。

筆記欄

插畫：鄧愛林(6歲)

出版動力全力支持兒童海洋生物保育發展